GUÍA RÁPIDA MATEMÁTICAS ESO

Título original: Guía rápida matemáticas ESO

Copyright 2016 © Francisco Muro Bueno

Primera edición septiembre 2016

ISBN-13: 978-1539010128

ISBN 10: 1539010120

GUÍA RÁPIDA MATEMÁTICAS ESO

FRANCISCO MURO BUENO

Para todos los que hacen de su esfuerzo la mejor arma para su aprendizaje.

PRÓLOGO

Esta guía nace con la intención de sintetizar los objetivos que se deben alcanzar durante toda la etapa educativa que engloba la Educación Secundaria Obligatoria.

Sirve tanto para alumnos/as que no alcancen los objetivos predeterminados para su correspondiente curso como para padres y madres que quieran ayudar a sus hijos/as a conseguirlos.

No podemos partir de la idea preconcebida de la dificultad de las matemáticas porque con un poco de esfuerzo, perseverancia y mucha práctica se conseguirá entenderlas. Muchas veces son los propios padres los que inculcan ese miedo a esta asignatura cuando no tiene razón de ser.

Si miramos a nuestro alrededor vemos que esos componentes matemáticos están presentes en todos los aspectos de la vida de las personas, en su trabajo, en su quehacer diario, en los medios de comunicación, etc.

La toma de decisiones requiere comprender, modificar y producir mensajes de todo tipo; en la información que se maneja cada vez aparecen con más frecuencia tablas, gráficos y fórmulas que demandan conocimientos matemáticos para su correcta interpretación.

Por ello debemos estar preparados para adaptarnos con eficacia a los continuos cambios que se generan.

Debemos configurar las matemáticas en un área capaz de generar preguntas, obtener modelos e identificar relaciones y estructuras, de modo que, al analizar los fenómenos y situaciones que se presentan en la realidad, se puedan obtener informaciones y conclusiones que inicialmente no estaban explícitas.

Las matemáticas son universales: Los resultados que se obtienen son aceptados por toda la comunidad internacional, lo que no quiere decir que los métodos que se han utilizado históricamente sean iguales: lo que sí son universales son las actividades, muchas entroncadas con la cultura de los pueblos, que han impulsado el conocimiento matemático. De esta manera hablamos de: contar, localizar, medir, explicar, jugar, etc.

La Matemática es una ciencia viva. Su conocimiento no está fosilizado, además de una herencia recibida es una ciencia que hay que construir.

Lo que tenemos que tener claro es que las matemáticas son útiles. Miremos donde miremos, las matemáticas están ahí, las veamos o no. Se utilizan en la ciencia, en la tecnología, la comunicación, la economía y tantos otros campos. Son útiles porque nos sirven para reconocer, interpretar y resolver los problemas que aparecen en la vida cotidiana. Además de proporcionarnos un poderoso lenguaje con el que podemos comunicarnos con precisión.

LOS NÚMEROS NATURALES

"La esencia de las matemáticas no es hacer las cosas simples complicadas, sino hacer las cosas complicadas simples".-S. Gudder

Los números naturales se utilizan para contar los elementos de un conjunto: Números cardinales.

Los números naturales se utilizan para expresar la posición u orden que ocupa un elemento en un conjunto: Números ordinales.

Hay diez cifras o dígitos para formar los números. Cada cifra tiene un valor dependiendo de la posición que ocupe:

DMM	UMM	CM	DM	UM	C	D	U	d	c	m
Millones		Miles			Unidades			decimales		

DMM=Decenas de millar millón   D= Decenas

UMM=Unidades de millar millón   U= Unidades

CM= Centenas de millar   d= décimas

DM= Decenas de millar   c= centésimas

UM= Unidades de millar   m= milésimas

C= Centenas

Los números están ordenados y se usa el símbolo $<$ para menor que y $>$ para mayor que (la terminación de la flecha siempre es el número más pequeño, los dos palos son para el mayor, por lo tanto: $4<5$ la punta de la flecha está en el 4 y los dos palos en el 5)

También podemos utilizar estos: $\leq$ menor o igual que y $\geq$ mayor o igual que.

REDONDEAR

Es sustituir sus últimas cifras por ceros pero observando la primera cifra que se sustituye por si hay que añadir una unidad a la cifra menor.

Tenemos que saber a qué cifra debemos redondear, nos lo dicen, porque no es lo mismo redondear a la unidad que a las décimas. Señalamos cuál es la que dicen (mirar cuadro de arriba) nos fijamos en la inmediatamente posterior, la rodeamos y si es mayor que 5 se la añadirá una unidad a la cifra que nos han dicho que redondeemos, si es menor que cinco, todas las cifras posteriores a ella se convierten en 0.

Redondear a la unidad la siguiente cifra: 1,93 y a la décima 27,28

a) $\underline{1},93 = 2$ b) $27,28 = 27,3$

a) Señalamos la unidad que en este caso es uno, miramos la inmediatamente posterior que es 9, es mayor que 5, por lo tanto añadimos una unidad a la cifra: 1+1=2. En este caso el número 3 (centésima) se convierte en cero.

b) Señalamos la décima, que es 2, miramos la posterior que es 8, como es mayor que cinco, todos a partir del 2 se convierten en ceros, los ceros a la derecha de la coma no valen por lo que no se ponen, y se le suma un uno a la décima.

PROPIEDADES DE LA SUMA Y DE LA RESTA

Suma

Propiedad conmutativa

Si cambiamos el orden de los sumandos de una suma, el resultado no varía.

$$A + B = B + A$$

<u>Propiedad asociativa</u>

En una suma de tres o más sumandos, el orden en que hacemos las sumas no modifica el resultado.

$$(A + B) + C = A + (B + C)$$

Resta

$A - B = C$

A=Minuendo

B=Sustraendo

C=Diferencia

<u>Prueba de la resta</u>

$A - B = C \rightarrow C + B = A$

$A - B = C \rightarrow A - C = B$

PROPIEDADES DE LA MULTIPLICACIÓN Y DIVISIÓN

Propiedades de la multiplicación

<u>Propiedad conmutativa</u>

Si cambiamos el orden de los factores, el resultado no varía.

<u>Propiedad asociativa</u>

Si tenemos 3 o más factores, el orden en que hacemos las multiplicaciones no afectan al resultado.

<u>Propiedad distributiva</u>

Si multiplicamos un número por una suma es igual a la suma de las multiplicaciones de dicho número por cada sumando:

$$(A + B) \times C = (A \times C) + (B \times C)$$

Propiedades de la división

<u>Prueba de la división</u>

Primero debemos saber cómo se llaman las partes de la misma

$$A \underline{\ \ B\ \ }$$

$$d \quad C$$

A= Dividendo   B= Divisor

C= Cociente   d= Resto

La prueba se hace del siguiente modo: $(C \times B) + d = A$

JERARQUÍA DE LAS OPERACIONES

Sin lugar a dudas es el punto más importante de todo el tema de los números naturales. Siempre hay que seguir este orden sino no saldrán bien los resultados de las operaciones. Hay que seguir esta jerarquía siempre:

1 Paréntesis y corchetes

2 Potencias y raíces

3 Multiplicaciones y divisiones

4 Sumas y restas

El punto 3 y 4, si hay varias y las tenemos que hacer al mismo tiempo, se hacen de izquierda a derecha.

POTENCIAS

$$base^{exponente}$$

Una potencia es una multiplicación de un número por sí mismo tantas veces como nos indique su exponente:

$5^2 = 5 \times 5 = 25$ El número cinco es la base, el número que debemos multiplicar. El dos pequeño a su derecha es el exponente, nos indica cuantas veces debemos multiplicar el 5 por el mismo.

$2^4 = 2 \times 2 \times 2 \times 2 = 16$

Propiedades de las potencias

$a^0 = 1$

$a^1 = a$

$a^m \times a^n = a^{m+n}$

$a^m \div a^n = a^{m-n}$

$(a^m)^n = a^{m \times n}$

$a^n \times b^n = (a \times b)^n$

$a^n \div b^n = (a \div b)^n$

RAÍCES CUADRADAS

Calcular aquel número que multiplicado por él mismo, da el número inicial.

$\sqrt{25} = 5 \rightarrow 5^2 = 25$

Si no hay raíz exacta, elegimos el mayor número b tal que $b^2 < a$, y habrá un resto $= a - b^2$

$\sqrt{21} = 4 \ Resto \ 5 \rightarrow 4^2 = 16 + 5 = 21$

NOTACIÓN CIENTÍFICA

$a \cdot 10^b$ $a \rightarrow mantisa \rightarrow decimal\ exacto\ entre\ 1\ y\ 10$

$b \rightarrow orden\ de\ magnitud$

Suma y resta

Deben tener el mismo orden de magnitud. Por lo que debemos arreglar los números dados en notación científica si hiciese falta. Recordar que un número científico tiene un solo número natural comprendido entre el 1 y el 9 (incluyendo ambos).

$9,76 \cdot 10^3 + 2,43 \cdot 10^2 \rightarrow 9,76 \cdot 10^3 + 0,243 \cdot 10^3 =$

$10,003 \cdot 10^3 = 1,0003 \cdot 10^4$

Multiplicar y dividir

Multiplicamos o dividimos las mantisas por un lado y las potencias de base 10 por otro (recordar las propiedades de las potencias)

$(2,2 \cdot 10^9) \cdot (3,53 \cdot 10^{12}) \rightarrow (2,2 \cdot 3,53) \cdot (10^{9+12}) = 7,766 \cdot 10^{21}$

MÚLTIPLOS Y DIVISORES

"Lo importante a recordar sobre las matemáticas es no tener miedo".
Richard Dawkins

Hay una relación de divisibilidad entre dos números cuando uno cabe en el otro una cantidad exacta de veces.

$40 \div 8 = 5$

El mayor es múltiplo del menor → 40 es múltiplo de 8

El menor es divisor del mayor → 8 es divisor de 40

Los múltiplos de un número son los que resultan de multiplicar ese número por cualquier número natural.

Múltiplos de 7= $\{0,7,14,21,28,35,42, ... \}$

Los divisores de un número son aquellos que le pueden dividir, su división es exacta. Todos los números naturales son divisores de 0.

Divisores de 18= $\{1,2,3,6,9,18\}$

Los múltiplos de un número natural a, se obtiene de multiplicar a por cualquier otro número natural b → $a \times b$

Para obtener todos los divisores de un número a, buscamos las divisiones exactas.

$$a \div b = c$$

$$a \div c = b$$

$$a = b \times c \rightarrow b y c \ son \ divisores \ de \ a$$

NÚMERO COMPUESTO

Cuando se puede descomponer en factores más sencillos.

NÚMERO PRIMO

Sólo tiene dos divisores: él mismo y uno

$$números\ primos = \{2,3,5,7,11,13,17,19,23,...\}$$

DESCOMPONER FACTORIALMENTE UN NÚMERO O FACTORIZAR

Es ponerlo como producto de potencias de números primos.

Ejemplo: $63 = 3^2 \times 7$

```
84│2
42│2       EJEMPLO DE FACTORIZACIÓN
21│3
 7│7
 1│
```

MÍNIMO COMÚN MÚLTIPLO de varios números es el número más pequeño que es múltiplo de todos ellos, sin tener en cuenta el 0.

Descomponemos factorialmente y cogemos los no repetidos y los repetidos mayores. Una vez los hemos seleccionado, los multiplicamos entre ellos.

```
15│3      9 3│      3│3
 5│5      3 3│      1│
 1│       1 │
```

3×5 $\qquad$ 3^2 $\qquad$ 3 $\qquad$ $mín.c.m \longrightarrow 3^2 \times 5 = 45$

18

MÁXIMO COMÚN DIVISOR de varios números es el número más pequeño que es divisor de todos ellos.

Descomponemos factorialmente y cogemos SÓLO los no repetidos menores y multiplicamos.

En el ejemplo anterior: $máx. c. d \longrightarrow 3 \times 5 = 15$

MÍNIMO COMÚN DENOMINADOR

Le aplicamos el mínimo común múltiplo a los denominadores. Con ese número dividimos entre el denominador anterior y el resultado lo multiplicamos por el numerador.

$$\frac{6}{9} + \frac{5}{21} - \frac{3}{7} = \frac{42}{63} + \frac{15}{63} - \frac{27}{63} = \frac{30}{63}$$

$$
\begin{array}{c|c}
9 & 3 \\
3 & 3 \\
1 &
\end{array}
\qquad
\begin{array}{c|c}
21 & 7 \\
3 & 3 \\
1 &
\end{array}
\qquad
\begin{array}{c|c}
7 & 7 \\
1 &
\end{array}
$$

3^2 7×3 $7 \longrightarrow 3^2 \times 7 = 63$

LOS NÚMEROS ENTEROS

"Dios hizo los números enteros, el resto es el trabajo de los hombres".
.Leopold Kronecker.

El conjunto de los números enteros está formado por los números positivos, los negativos y el cero.

Se pueden representar en la recta real:

$$-7 \; -6 \; -5 \; -4 \; -3 \; -2 \; -1 \; 0 \; 1 \; 2 \; 3 \; 4 \; 5 \; 6 \; 7$$

Los números enteros están ordenados.

Un número es menor que otro si, en la recta real, está situado más a la izquierda.

Un número es mayor que otro si, en la recta real, está situado más a la derecha.

VALOR ABSOLUTO

De un número es la distancia del número al cero

$|+a| = a$

$[-a] = a$

OPUESTO

De un número es otro número con la misma magnitud y distinto signo.

$Op\,[+a] = -a$

$Op\,[-a] = +a$

SUMA DE NÚMEROS ENTEROS

Se eliminan los paréntesis

Si tienen el mismo signo: se suman y se ponen del mismo signo

Si tienen distinto signo: se restan y se pone el signo del mayor

RESTA DE NÚMEROS ENTEROS

Se aplica la regla:

$$+(+a) = +a \qquad\qquad -(+a) = -a$$

$$-(-a) = +a \qquad\qquad +(-a) = -a$$

PRODUCTO DE NÚMEROS ENTEROS

Se multiplican los números sin signo. Se aplica la regla de los signos:

$$+ \cdot + = +$$
$$- \cdot - = +$$
$$+ \cdot - = -$$
$$- \cdot + = -$$

El   signo   X   se   cambiará   por   ·

DIVISIÓN DE NÚMEROS ENTEROS

Se dividen los números sin signo, le aplicamos la regla de los signos.

$$+ : + = +$$
$$- : - = +$$
$$+ : - = -$$
$$- : + = -$$

El   signo   ÷ se   cambiará   por   :

NO PODEMOS OLVIDAR LA JERARQUÍA DE LAS OPERACIONES:

1. PARÉNTESIS Y CORCHETES
2. POTENCIAS Y RAÍCES
3. MULTIPLICACIONES Y DIVISIONES
4. SUMAS Y RESTAS

LOS NÚMEROS DECIMALES

"No es que no puede ver la solución. Es que no puede ver el problema". GK Chesterton.

Los números decimales tienen una parte entera y una parte decimal. En la parte decimal están las décimas, centésimas, milésimas...

Para ordenarlos se compara la parte entera y, si ésta coincide, se compara la parte decimal empezando por las décimas, y si ésta coincide se compara con las centésimas...

Un número no cambia si se añaden ceros a la derecha de su parte decimal, no sirven para nada a la derecha de la coma, siendo los últimos.

Los números decimales se pueden representar en la recta numérica.

OPERACIONES CON DECIMALES

Para **sumar y restar** dos números decimales, si es preciso se añaden ceros en la parte decimal para que los dos tengan el mismo número de cifras decimales, ya que la coma debe ponerse a la misma altura.

1,5 +0,03= 1,53   1,5-0,03= 1,47

$$1,50$$
$$\underline{+\,0,03}$$
$$1,53$$

$$1,50$$
$$\underline{-\,0,03}$$
$$1,47$$

Para **multiplicar** dos números decimales, se realiza como si no hubiese decimales y el resultado tendrá tantos decimales como la suma de cifras decimales de los dos factores.

$$1,5 \cdot 0,03 = 0,045$$

Para **dividir** dos números decimales, si es preciso se añaden ceros en la parte decimal para que los dos tengan el mismo número de cifras decimales.

$$1,5 : 0,03 = 1,50 : 0,03 = 150 : 3 = 50$$

$$
\begin{array}{c|l}
1,5 & 0,03 \\
\hline
\end{array}
\qquad
\begin{array}{l}
0,03 \cdot 100 = 3 \\
1,5 \cdot 100 = 150
\end{array}
\qquad
\begin{array}{r|l}
150 & 3 \\
\hline
\underline{0} & 50
\end{array}
$$

Nunca podremos dividir cuando haya decimales en el cajón (divisor) así que lo convertimos en número entero multiplicando por base 10 tanto como haga falta pero esto conlleva que debemos multiplicar el dividendo por el mismo número por el que hemos multiplicado el divisor. Una vez arreglado dividimos.

Si los decimales están en el dividendo, dividiremos hasta llegar a la coma, una vez estemos en el primer decimal colocamos la coma en nuestro cociente.

NÚMEROS RACIONALES

"En las matemáticas no entiendes las cosas. Te acostumbras a ellas".
Johann von Neumann.

Los números racionales son todos aquellos números que pueden expresarse mediante una fracción de números enteros. Es decir, el número r es racional si:

$$r = \frac{a}{b}$$

Con a, b números enteros y b≠ 0

LAS FRACCIONES

Expresan cantidades en las que los objetos están partidos en partes iguales.

El NUMERADOR indica las partes que tenemos. La cantidad que cogemos.

El DENOMINADOR indica las partes en que dividimos la unidad. Las partes en las que está partido.

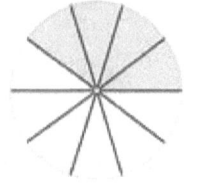

$$\frac{4}{10}$$

Está partido en diez partes iguales (denominador) de las que cogemos 4 (numerador).

Una fracción representa un valor, es el resultado de la división del numerador entre el denominador:

$$\frac{3}{5} = 3:5 = 0,6$$

FRACCIONES EQUIVALENTES

Son las que expresan el mismo valor. Llamamos fracción irreducible a la más simple de ellas.

$$\frac{21}{12} = \frac{70}{40} = \frac{28}{16} = \frac{7}{4}$$

La última sería la fracción irreducible porque no puede dividirse más el numerador y el denominador por el mismo número. Si las multiplicamos en cruz deben dar el mismo resultado:

$$21 \cdot 40 = 12 \cdot 70 \longrightarrow 840 = 840$$

Número racional es todo valor que puede ser expresado mediante fracción. Todas las fracciones equivalentes entre sí son el mismo número racional.

$$\frac{1}{2} = 0,5$$

$$\frac{3}{6} = 0,5$$

$$\frac{7}{14} = 0,5$$

Nuestro número racional sería 0,5

Para simplificar una fracción se divide el numerador y el denominador por el mismo número, cuando ya no se puede dividir más hemos llegado a la IRREDUCIBLE.

Para **SUMAR y RESTAR** fracciones deben tener el mismo denominador.

Para pasar fracciones a común denominador se busca el mín.c.m de los denominadores y se pone de denominador a todas.

Cada numerador se halla dividiendo por el de abajo y multiplicando por el de arriba. Se divide por el denominador de la fracción y el resultado se multiplica por el numerador de la fracción.

Una vez lo hemos arreglado, se suman o restan los numeradores dejando el mismo denominador.

$$\frac{5}{4} - \frac{1}{6} = \frac{15}{12} - \frac{2}{12} = \frac{15-2}{12} = \frac{13}{12}$$

$mín.c.m.\,(4,6) = 12$

$12{:}4 = 3 \rightarrow 3 \cdot 5 = 15$

$12{:}6 = 2 \rightarrow 2 \cdot 1 = 2$

La **MULTIPLICACIÓN** de fracciones se hace directamente, numerador por numerador y denominador por denominador. Se multiplica en Línea.

$$\frac{4}{5} \cdot \frac{3}{7} = \frac{4 \cdot 3}{5 \cdot 7} = \frac{12}{35}$$

Para **DIVIDIR** una fracción por otra se multiplica por su inversa, se multiplica en Cruz.

$$\frac{4}{5} : \frac{3}{7} = \frac{4 \cdot 7}{5 \cdot 3} = \frac{28}{15}$$

Siempre se pondrá como numerador la multiplicación del primer numerador, en este caso era 4.

PASO DE DECIMAL A FRACCIÓN

De decimal exacto a fracción

Denominador potencia de base 10 $1{,}7 = \frac{17}{10}$

Paso de decimal periódico puro a fracción

Multiplicamos N por una potencia de base 10 para hallar otro número con la misma parte decimal.

Al restar ambos números, obtenemos un número entero.

Despejando n, llegamos a la fracción buscada.

27

<u>PERIODO DE UNA SOLA CIFRA:</u> $N = 5, \hat{4} = 5,44444 \dots$

$10N = 54,4444 \dots$
$N = 5,4444 \dots$ RESTAMOS

$10N - N = 54 - 5$
$9N = 49 \longrightarrow \frac{49}{9}$

<u>PERIODO DE VARIAS CIFRAS:</u> $N = 6, \widehat{207} = 6,207207207 \dots$

$1000N = 6207,207207 \dots$
$N = 6,207207$ restamos

$1000N - N = 6207 - 6$
$999N = 6201 \longrightarrow \frac{6201}{999}$

Podemos hacerlo a ojo: añadimos la parte decimal periódica pura al número entero, a la cifra resultante le restamos el número entero y lo dividimos por tantos nueves como cifras decimales puras tuviese el número que nos dieron.

$$7, \hat{2} = \frac{72 - 7}{9} = \frac{65}{9}$$

$$28, \widehat{93} = \frac{2893 - 28}{99} = \frac{2865}{99}$$

<u>Paso de decimal periódico mixto a fracción</u>

Multiplicamos N dos veces por potencias de base 10 para conseguir dos decimales periódicos puros con el mismo periodo.

Al restarlos, obtenemos un número entero.

Despejando N, se obtiene la fracción buscada.

$N = 2,5\widehat{63} = 2,563636363 \dots$

Primero multiplicamos el número decimal por 1000 para poder sacar todas las cifras decimales.

La N la multiplicaremos por diez puesto que la cifra decimal no periódica es una, si fuesen dos se multiplicaría por diez, tres por cien...

$$1000N = 2563{,}6363\ldots$$

$$10N = 25{,}6363\ldots$$

$$1000N - 10N = 2563 - 25$$

$$990N = 2538 \rightarrow N = \frac{2538}{990}$$

NÚMEROS RADICALES

"Si alguien no cree que las matemáticas son simples, es porque no entienden lo complicada que es la vida". Johann von Neumann.

Radical se refiere en concreto a una raíz que es irracional, tienen infinitas cifras decimales que no se repiten nunca.

$$k(factor) \cdot \sqrt[n\,(\acute{i}ndice)]{a\,(Radicando)}$$

Recordamos: $\quad a^{m/n} = \sqrt[n]{a^m}$

RADICALES EQUIVALENTES

$$a^{m/n} = a^{k \cdot m / k \cdot n} \qquad \sqrt[n]{a^m} = \sqrt[k \cdot n]{a^{k \cdot m}}$$

Si se dividen o multiplican índice y exponente por el mismo número se obtiene un radical equivalente.

$$\sqrt[6]{256} = \sqrt[6]{2^8} = \sqrt[3]{2^4} \quad \}: 2$$

SIMPLIFICACIÓN DE RADICALES

Si existe un número que divida al índice y al exponente del radicando, se obtiene simplificado.

$$\sqrt[4]{36} = \sqrt[4]{2^2 \cdot 3^2} = \sqrt{2 \cdot 3} = \sqrt{6}$$

REDUCCIÓN A ÍNDICE COMÚN

Mín.c.m. de los índices. Dividimos el común índice por los índices y se multiplica por sus exponentes.

$$\sqrt{2} \qquad \sqrt[3]{2^2 \cdot 3^2} \qquad\qquad \sqrt[4]{2^2 \cdot 3^3} \quad \text{mín.c.m } (2,3,4) = 12$$

$$\sqrt[12]{2^6} \quad \sqrt[12]{(2^2)^4 \cdot (3^2)^4} \quad \sqrt[12]{(2^2)^3 \cdot (3^3)^3} \longrightarrow$$

$$\sqrt[12]{2^6} \quad \sqrt[12]{2^8 \cdot 3^8} \qquad\qquad \sqrt[12]{2^6 \cdot 3^9} \longrightarrow \sqrt[12]{2^6 \cdot 2^8 \cdot 3^8 \cdot 2^6 \cdot 3^9} \longrightarrow$$

$$\sqrt[12]{2^{20} \cdot 3^{17}}$$

EXTRACCIÓN DE FACTORES

Exponente menor que índice

Factor se deja en radicando $\sqrt{6} = \sqrt{2 \cdot 3}$

Exponente igual que índice

Factor sale fuera del radicando $\sqrt{12} = \sqrt{2^2 \cdot 3} = 2\sqrt{3}$

Exponente mayor que índice

Se divide exponente por el índice. Cociente exponente del factor lo sacamos fuera y el resto del exponente dentro

$$\sqrt{48} = \sqrt{2^4 \cdot 3} = 2^2\sqrt{3} \qquad\qquad \begin{array}{r|l} 4 & 2 \\ \hline 0 & 2 \end{array}$$

$$\sqrt[3]{243} = \sqrt[3]{3^5} = 3\sqrt[3]{3^2} \qquad\qquad \begin{array}{r|l} 5 & 3 \\ \hline 2 & 1 \end{array}$$

OPERACIONES

SUMA Y RESTA

Solo pueden sumarse o restarse dos radicales cuando son semejantes, mismo índice e igual radicando.

$$a\sqrt[n]{k} + b\sqrt[n]{k} + c\sqrt[n]{k} = (a + b + c)\sqrt[n]{k}$$

PRODUCTO Y COCIENTE

Mismo índice

Se multiplican o dividen los radicandos y se deja índice.

$$\sqrt{a} \cdot \sqrt{b} = \sqrt{a \cdot b} \qquad \frac{\sqrt[n]{a}}{\sqrt[n]{b}} = \sqrt[n]{\frac{a}{b}}$$

Distinto índice

Reducimos y se multiplican

$$\sqrt{3} \cdot \sqrt[3]{9} \cdot \sqrt[4]{27} = \sqrt[12]{3^6} \cdot \sqrt[12]{(3^2)^4} \cdot \sqrt[12]{(3^3)^3} = \sqrt[12]{3^6 \cdot 3^8 \cdot 3^9}$$
$$= \sqrt[12]{3^{23}} = 3\sqrt[12]{3^{11}}$$

CÁLCULO DE LA RAÍZ CUADRADA NO EXACTA

EJEMPLO: $\sqrt{105674}$

Separamos de dos en dos, desde la derecha, las cifras del radicando, y calculamos la raíz del paquete de la izquierda

$(\sqrt{10\ \dots}\,)$

$$\sqrt{10\ 56\ 74} \quad \begin{array}{l} 3 \leftarrow A \\ \hline 6 \leftarrow B \end{array} \qquad \begin{array}{l} A = \sqrt{10} = 3\ y\ deja\ 1\ de\ RESTO \\ B = doble\ de\ A \end{array}$$

$$\begin{array}{l} -9 \\ \hline 1 \end{array}$$

Bajamos el siguiente paquete (56) y buscamos la cifra C, de forma que $6C \cdot C$ sea lo más próximo a 156, sin sobrepasarlo.

$$\sqrt{10\ 56\ 74} \quad \begin{array}{l} 3 \qquad\qquad C = 2 \\ \hline 6C \cdot C \quad 6 \cdot 2 \cdot 2 = 124 \end{array}$$
$$1\ 56$$

$$\sqrt{10\ 56\ 74} \quad \begin{array}{l} 3 \\ \hline 62 \cdot 2 = 124 \end{array}$$
$$\begin{array}{l} 1\ 56 \\ -\ 1\ 24 \\ \hline 32 \end{array}$$

Subimos el valor C que es 2 al campo de la solución y bajamos el siguiente paquete repitiendo operación.

$$\sqrt{10\ 56\ \ 74} \quad \Big|\quad 32$$

$\sqrt{10\ 56\ \ 74}$	32		$4 = 2 \cdot 2$
$-\ \underline{9}$	$62 \cdot 2 = 124$		$D = 5$
$1\ 56$	$64D \cdot D$		$645 \cdot 5 = 3225$
$-\ \underline{1\ 24}$			
$32\ 74$			

$\sqrt{10\ 56\ 74}$	32
$32\ 74$	$62 \cdot 2 = 124$
$-\ \underline{32\ 25}$	$645 \cdot 5 = 3225$
49	

Subimos el valor $D = 5$ al campo de la solución.

Y ya obtenemos la solución final:

$$\sqrt{105674} = 325$$

Prueba: $325^2 + 49 = 105674$

RACIONALIZACIÓN DE RADICALES (CASOS)

PRIMER CASO:

Cuando el denominador tenga sólo un término formado por una raíz cuadrada.

Multiplicamos y dividimos por la raíz.

$$\frac{3}{\sqrt{5}} \cdot \frac{\sqrt{5}}{\sqrt{5}} = \frac{3\sqrt{5}}{\sqrt{5^2}} = \frac{3\sqrt{5}}{5}$$

SEGUNDO CASO:

Cuando el denominador tenga sólo un término formado por una raíz enésima.

Multiplicamos y dividimos por un número.

$$\frac{1}{\sqrt[7]{3^2}} \cdot \frac{\sqrt[7]{3^5}}{\sqrt[7]{3^5}} = \frac{\sqrt[7]{3^5}}{\sqrt[7]{3^7}} = \frac{\sqrt[7]{3^5}}{3}$$

Se pone 5 porque restamos el índice con el exponente, y los siete se eliminan dejando al 3 sólo

TERCER CASO:

Cuando el denominador tenga un binomino y al menos una raíz.

Multiplicamos y dividimos por el conjugado (lo mismo pero con el signo contrario) de la raíz.

$$\frac{2}{3-\sqrt{5}} \cdot \frac{3+\sqrt{5}}{3+\sqrt{5}} = \frac{6+2\sqrt{5}}{9-(\sqrt{5})^2} = \frac{6+2\sqrt{5}}{9-5} = \frac{6+2\sqrt{5}}{4}$$

INTERVALOS EN LA RECTA REAL

Intervalo abierto	(a,b)	$x: a < x < b$	
Intervalo cerrado	$[a,b]$	$x: a \leq x \leq b$	
Intervalo semiabierto	$(a,b]$	$x: a < x \leq b$	
Intervalo semiabierto	$[a,b)$	$x: a \leq x < b$	
Semirrecta abierta	$(a,+\infty)$	$x: a < x$	
Semirrecta cerrada	$[a,+\infty)$	$x: a \leq x$	
Semirrecta abierta	$(-\infty,b)$	$x: x < b$	
Semirrecta cerrada	$(-\infty,b]$	$x: x \leq b$	

APROXIMACIONES Y ERRORES

Aproximaciones

Por TRUNCAMIENTO: se eliminan hasta dónde nos dicen (unidad, décimas...) y se deja como está.

Por EXCESO: se eliminan y aumenta una unidad la última cifra.

Errores

Error Absoluto

$$E_{a=|V_{real}-V_{aproximado}|}$$

Error Relativo

$$E_{r=\left|\dfrac{E_a}{E_{real}}\right|}$$

PROGRESIONES

"En mi opinión, todas las cosas en la naturaleza ocurren matemáticamente". Descartes.

Conjunto de números ordenados. Sus elementos se llaman términos, se designa con una letra con subíndice.

$a_1, a_2, a_3, a_4, \ldots$

Término general

$S_{n=\text{f}(n)}$

PROGRESIONES ARITMÉTICAS

Sucesión en la que se pasa de cada término al siguiente sumando un mismo número (positivo o negativo) al que se llama diferencia: d

Término general progresión aritmética

$$a_n = a_1 + (n-1) \cdot d$$

Suma de los n primeros términos progresiones aritméticas

$$S_n = \frac{(a_1 + a_n) \cdot n}{2}$$

PROGRESIONES GEOMÉTRICAS

Sucesión en la que se pasa de cada término al siguiente multiplicándolo o dividiendo por un número fijo: r

Término general

$$a_n = a_1 \cdot r^{n-1}$$

Suma de los n primeros términos progresiones geométricas

$$S_n = \frac{a_1 \cdot (r^n - 1)}{r - 1} \qquad S_n = \frac{a_n \cdot (r - a_1)}{r - 1}$$

Suma de todos los términos de una progresión geométrica

$$S_n = \frac{a_1}{r - 1}$$

Siempre que $-1 < r < 1$

Términos equidistantes de los extremos

$$a_n \cdot a_1 = a_{n-1} \cdot a_2 = a_{n-2} \cdot a_3 = \cdots$$

Producto de n términos

$$P = \sqrt{(a_1 \cdot a_n)^n}$$

ÁLGEBRA

"En la vida real, te lo aseguro, no hay algo como el álgebra". Fran Lebowitz.

LENGUAJE ALGEBRAICO

El lenguaje algebraico expresa la información matemática mediante letras y números. Una expresión algebraica es una combinación de letras, números y signos de operaciones. Mediante el lenguaje algebraico se puede realizar una traducción de enunciados.

El valor numérico de una expresión algebraica es el número que se obtiene al sustituir las letras por números y realizar las operaciones indicadas.

MONOMIOS

Es la expresión algebraica más simple, formada por productos de letras y números. Consiste en el producto de un número conocido (coeficiente) por una o varias letras (parte literal)

El grado de un monomio es el exponente de la letra.

El monomio $7x^3$ tiene por coeficiente 7, por parte literal x^3 y su grado es 3.

SUMA Y RESTA DE MONOMIOS

Sólo podemos sumar o restar cuando son SEMEJANTES, es decir, cuando tienen la misma parte literal.

Cuando no son semejantes, la operación se deja indicada.

$$x + x + x = 3x \qquad 4x + 2x = 6x$$

$$3x^2 + 2x^2 + 5x - 4x = 5x^2 + x$$

Como observamos en el ejemplo, se suma o resta el coeficiente de los monomios semejantes, dejando la misma parte literal.

MULTIPLICACIÓN DE MONOMIOS

Se multiplican los coeficientes y las partes literales (en estas últimas recordaremos las propiedades de las potencias)

$$3x^5 \cdot 7x^4 = 21x^9$$

El producto de dos monomios es siempre otro monomio.

Si multiplicamos un monomio por un paréntesis, ese monomio multiplica todo lo que hay dentro del paréntesis, uno por uno, y se ordena.

$$5x \cdot (3x^2 + x^3) = 15x^3 + 5x^4 = 5x^4 + 15x^3$$

DIVISIÓN DE MONOMIOS

Al dividir dos monomios, se puede obtener:

Un número.

Otro monomio.

Una fracción algebraica.

$$2a : 8a = \frac{\cancel{2} \cdot \cancel{a}}{\cancel{2} \cdot 4 \cdot \cancel{a}} = \frac{1}{4}$$

Como vemos, factorizamos y los números y letras que coincidan en numerador y denominador se eliminan.

POLINOMIOS

Un polinomio es una expresión algebraica formada por la suma de varios monomios, que son los términos del polinomio.

El grado de un polinomio reducido es el del término de mayor grado.

El valor numérico de un polinomio para cierto valor de la variable $x = a$, se obtiene sustituyendo x por a y operando.

SUMA Y RESTA DE POLINOMIOS

La suma de dos polinomios se calcula sumando los términos semejantes entre ambos.

La resta de dos polinomios se calcula sumando al primero el opuesto del segundo.

Dados los polinomios Q(x) y R(x), súmalos y réstalos.

$$Q(x)= 3x^3 + 6x^2 - 5x \qquad\qquad R(x)= 6x^3 - 7x$$

$$(3x^3 + 6x^2 - 5x) + (6x^3 - 7x) = 3x^3 + 6x^2 - 5x + 6x^3 - 7x$$
$$= 9x^3 + 6x^2 - 12x$$

$$(3x^3 + 6x^2 - 5x) - (6x^3 - 7x) = 3x^3 + 6x^2 - 5x - 6x^3 + 7x$$
$$= -3x^3 + 6x^2 + 2x$$

MULTIPLICACIÓN

El producto de dos polinomios se calcula multiplicando cada uno de los monomios de uno de ellos por todos los monomios del otro, y sumando después los polinomios obtenidos.

$$(3x^3 + 6x^2 - 5x) \cdot (6x^3 - 7x) = 18x^6 - 21x^4 + 36x^5 - 42^3 - 30x^4 + 35x^2 =$$

$$18x^6 + 36x^5 - 51x^4 + 35x^2$$

DIVISIÓN

Si el divisor es de la forma (x+a) o (x-a) utilizaremos la REGLA DE RUFFINI

Si el divisor es distinto a la forma anterior procederemos a hacer una división con cajón.

$$x^4 - 2x^3 - 11x^2 + 30x - 20 \quad \big| \underline{x^2 + 3x - 2}$$

$$\underline{-x^4 - 3x^3 + 2x} \qquad\qquad x^2 - 5x + 6$$

$$\quad -5x^3 - 9x^2 + 30x - 20$$

$$\quad \underline{5x^3 + 15x^2 - 10x}$$

$$\qquad\qquad 6x^2 + 20x - 20$$

$$\qquad\qquad \underline{-6x^2 - 18x + 12}$$

$$\qquad\qquad\qquad 2x - 8 \longrightarrow resto$$

REGLA DE RUFFINI

$$(x^4 - 3x^2 + 2):(x - 3)$$

Si el polinomio no es completo, se completa con ceros.

Colocamos los coeficientes del dividendo en una línea.

Abajo, a la izquierda, colocamos el opuesto del término independiente del divisor.

Trazamos una raya y bajamos el primer coeficiente.

$$\begin{array}{r|rrrrr} & 1 & 0 & -3 & 0 & 2 \\ 3 & & & & & \\ \hline & 1 & & & & \end{array}$$

Multiplicamos ese coeficiente por el divisor y lo colocamos en el siguiente término.

$$
\begin{array}{r|rrrrr}
 & 1 & 0 & -3 & 0 & 2 \\
3 & & 3 & & & \\
\hline
 & 1 & & & & \\
\end{array}
$$

Sumamos los dos coeficientes

$$
\begin{array}{r|rrrrr}
 & 1 & 0 & -3 & 0 & 2 \\
3 & & 3 & & & \\
\hline
 & 1 & 3 & & & \\
\end{array}
$$

Se repite las veces que sea necesario.

El último número es el resto.

El cociente es un polinomio un grado inferior en una unidad.

$$
\begin{array}{r|rrrrr}
 & 1 & 0 & -3 & 0 & 2 \\
3 & & 3 & 9 & 18 & 18 \\
\hline
 & 1 & 3 & 6 & 18 & 20 \\
\end{array}
$$

$\longrightarrow x^4 + 3x^3 + 6x^2 + 18x + 20$

TEOREMA DEL RESTO

El valor numérico de un Polinomio P(x), para $x = a$, coincide con el rsto de la división P(x): (x-a)

Es decir, P(a)=R, dónde R es el resto de la división P(x): (x-a)

Calcular el valor numérico del polinomio $P(x) = x^3 - 3x^2 + x + 2$ para $x = 3$

$P(x) = x^3 - 3x^2 + x + 2$ $x = \underline{3} \longrightarrow 3^3 - 3 \cdot 3^2 + 3 + 2 = 5$

Para P(3)= 5

$$
\begin{array}{r|rrrr}
 & 1 & -3 & 1 & 2 \\
3 & & 3 & 0 & 3 \\
\hline
 & 1 & 0 & 1 & 5 \longrightarrow \text{resto}
\end{array}
$$

ECUACIONES

Es una igualdad algebraica que sólo es cierta para un determinado valor de la incógnita.

Un número es solución de la ecuación si al sustituir la incógnita por este número la igualdad se verifica.

Resolver una ecuación consiste en hallar su solución.

Por lo tanto una ecuación es una expresión que se puede reducir a la forma

$ax + b = 0$ siendo $a \neq 0$. Una única solución $x = \dfrac{-b}{a}$

<u>Primeras técnicas para resolución de ecuaciones</u>

$$x + a = b \longrightarrow x = b - a$$

$$x - a = b \longrightarrow x = b + a$$

$$a \cdot x = b \longrightarrow x = \frac{b}{a}$$

$$\frac{x}{a} = b \longrightarrow x = b \cdot a$$

Como podemos comprobar para dejar sola a la incógnita x pasamos los números a al otro lado de la igualdad haciendo justo lo contrario de lo que le hace a la x.

PASOS PARA RESOLVER PROBLEMAS DE ECUACIONES DE PRIMER GRADO

1. Identificar la incógnita
2. Plantear la ecuación
3. Resolver la ecuación, para ello seguiremos estos otros pasos:
3.1. Quitar DENOMINADORES, si los hay. Mínimo común denominador. Una vez lo encontremos dividimos por el de abajo (denominador) y el resultado lo multiplicamos por el de arriba (numerador)
3.2. Quitar paréntesis, si los hay.
4. Resolver la ecuación planteada. Pasar términos con la incógnita, parte literal, a un lado de la igualdad y los coeficientes al otro.
5. Simplificar cada término.
6. Despejar X
7. Comprobar (sustituir la solución por la X).

Ecuaciones de segundo grado

<u>COMPLETA</u>

$$ax^2 + bx + c = 0 \text{ con } a \neq 0$$

Solución: $\dfrac{-b \pm \sqrt{b^2 - 4ac}}{2a}$

Puede haber dos soluciones.

<u>INCOMPLETAS</u>

<u>Sin término en x</u>

$$ax^2 + c = 0 \longrightarrow x = \pm\sqrt{\dfrac{-c}{a}}$$

<u>Sin término independiente</u>

$$ax^2 + bx = 0 \longrightarrow x \cdot (ax + b) = 0$$

Tendrá dos soluciones: $x_1 = 0 \quad x_2 = \dfrac{-b}{a}$

Reglas

Si está completa APLICAR LA FÓRMULA

Si está incompleta SEGUIR PASOS ANTERIORES

Si está complicada, ARRÉGLALA, simplifica hasta dejarla fácil.

Comprobar soluciones.

Resolución de problemas con ecuaciones de segundo grado

Identificar datos conocidos y los que necesitamos conocer: la incógnita x

Relacionar mediante ecuación conocido y desconocido

Resolver ecuación

Interpretar solución, comprobarla.

Identidades notables

$$(a + b)^2 = a^2 + 2ab + b^2$$

$$(a - b)^2 = a^2 - 2ab + b^2$$

$$(a + b)(a - b) = a^2 - b^2$$

Si no queremos aprenderlas de memoria (mal hecho) siempre podemos desarrollarlas:

$$(a + b)^2 = (a + b) \cdot (a + b) = a^2 + ab + ba + b^2$$
$$= a^2 + 2ab + b^2$$

$$(a - b)^2 = (a - b) \cdot (a - b) = a^2 - ab - ba + b^2$$
$$= a^2 - 2ab + b^2$$

Factorización y raíces

Hay que llegar hasta una ecuación de segundo grado donde los resultados serán raíces, pero debemos cambiarle el signo.

Utilizaremos Ruffini cuando la ecuación sea mayor de segundo grado, dividiremos por los divisores del término solo. Y el que dé resto cero también es raíz.

Si no tiene término sólo, factorizamos normalmente.

$$x^5 - 9x^3 \longrightarrow x^3(x^2 - 9) \longrightarrow x = \pm\sqrt{9} \longrightarrow +3 \ y - 3$$

$$x^3(x + 3)(x - 3)$$

Se coloca el factor común.

$$x^4 - 2x^3 - 3x^2 + 4x + 4 \qquad\qquad \text{divisores de +4 } (\pm 1, \pm 2, \pm 4)$$

Hay que probar con los divisores siguiendo la regla de Ruffini:

$$
\begin{array}{c|ccccc}
 & 1 & -2 & -3 & 4 & 4 \\
-1 & & -1 & 3 & 0 & -4 \\
\hline
 & 1 & -3 & 0 & 4 & 0 \\
2 & & & 2 & -2 & -4 \\
\hline
 & 1 & -1 & -2 & 0 &
\end{array}
\longrightarrow x^2 - x - 2
$$

Se le aplica la fórmula de las ecuaciones de segundo grado

$$\frac{-b \pm \sqrt{b^2 - 4ac}}{2a} \qquad \frac{1 \pm \sqrt{1^2 + 8}}{2} = \frac{1 \pm 3}{2} = 4 \ y \ \text{-2}$$

-1, 2, 4 y -2 $\longrightarrow$ (x+1)(x-2)(x-4)(x+2)

Nos fijamos en el número de la x mayor y ese multiplicará los factores.

ECUACIONES RACIONALES

Las ecuaciones racionales son ecuaciones en las que aparecen fracciones polinómicas.

Resolución de ecuaciones racionales

Para resolver ecuaciones racionales se multiplican ambos miembros de la ecuación por el mínimo común múltiplo de los denominadores.

Debemos comprobar las soluciones, para rechazar posibles soluciones extrañas provenientes de la ecuación transformada (la resultante de multiplicar por el mínimo común múltiplo), pero que no lo son de la ecuación original.

ECUACIONES BICUADRÁTICAS

Las ecuaciones bicuadradas son ecuaciones de cuarto grado sin términos de grado impar:

$$ax^4 + bx^2 + c = 0$$

Resolución de ecuaciones bicuadradas

Para resolver ecuaciones bicuadradas, efectuamos el cambio x2 = t, x4 = t2; con lo que se genera una ecuación de segundo grado con la incógnita t:

$$at^2 + bt + c = 0$$

Por cada valor positivo de t habrá dos valores de x:

$$x = \pm\sqrt{t}$$

Por ejemplo:

$$x^4 + -13x^2 + 36 = 0$$

$$x^2 = t \longrightarrow t^2 - 13t + 36 = 0$$

$$\frac{4 \pm \sqrt{169 - 144}}{2} = \frac{13 + 5}{2}$$

$$t_1 = \frac{18}{2} = 9 \rightarrow x^2 = 9 \rightarrow x = \pm\sqrt{9} = +3\, y - 3$$

$$t_2 = \frac{8}{2} = 4 \rightarrow x^2 = 4 \rightarrow x = \pm\sqrt{4} = +2\, y - 2$$

ECUACIONES DE GRADO SUPERIOR A DOS

Es una ecuación de cualquier grado escrita de la forma P(x) = 0, el polinomio P(x) se puede descomponer en factores de primer y segundo grado, entonces basta igualar a cero cada uno de los factores y resolver las ecuaciones de primer grado y de segundo grado resultantes.

Ejemplos

$$2x^4 + x^3 - 8x^2 - x + 6 = 0$$

Utilizamos el teorema del resto y la regla de Ruffini.

$$P(x) = 2x^4 + x^3 - 8x^2 - x + 6 = 0$$

Tomamos los divisores del término independiente: ±1, ±2, ±3.

Aplicando el teorema del resto sabremos para que valores la división es exacta.

$$P(x) = 1 \cdot 1^4 + 1^3 - 8 \cdot 1^2 - 1 + 6 = 0$$

Dividimos por Ruffini.

	2	1	−8	−1	6
1		2	3	−5	−6
	2	3	−5	−6	0

Por ser la división exacta, D = d · c

$$(x - 1) \cdot (2x^3 + 3x^2 - 5x - 6 = 0$$

Una raíz es x = 1.

Continuamos realizando las mismas operaciones al segundo factor.

Volvemos a probar por 1 porque el primer factor podría estar elevado al cuadrado.

$$P(1) = 2 \cdot 1^3 + 3 \cdot 1^2 - 5 \cdot 1 - 6 \neq 0$$

$$P(-1) = 2 \cdot (-1)^3 + 3 \cdot (-1)^2 - 5 \cdot (-1) - 6 = 0$$

Ruffini

	2	3	−5	−6
−1		−2	−1	6
	2	1	−6	0

$$(x - 1) \cdot (x + 1) \cdot (2x^2 + x - 6) = 0$$

Otra raíz es x = -1.

Los otros factores lo podemos encontrar aplicando la ecuación de 2° grado.

$$\frac{-1 \pm \sqrt{1^2 - (4 \cdot 2 \cdot -6)}}{2 \cdot 2} = \frac{-1 \pm \sqrt{1 + 48}}{4} = \frac{-1 \pm \sqrt{49}}{4}$$

$$\frac{-1 \pm 7}{4} \rightarrow x_1 = \frac{-8}{4} = -2 \ y \ x_2 = \frac{3}{2}$$

Las soluciones son: $x = 1; x = -1; x = -2 \ y \ x = \frac{3}{2}$

ECUACIONES IRRACIONALES

Las ecuaciones irracionales, o ecuaciones con radicales, son aquellas que tienen la incógnita bajo el signo radical.

Resolución de ecuaciones irracionales

1° Se aísla un radical en uno de los dos miembros, pasando al otro miembro el resto de los términos, aunque tengan también radicales.

2° Se elevan al cuadrado los dos miembros.

3° Se resuelve la ecuación obtenida.

4° Se comprueba si las soluciones obtenidas verifican la ecuación inicial. Hay que tener en cuenta que al elevar al cuadrado una ecuación se obtiene otra que tiene las mismas soluciones que la dada y, además las de la ecuación que se obtiene cambiando el signo de uno de los miembros de la ecuación.

5° Si la ecuación tiene varios radicales, se repiten las dos primeras fases del proceso hasta eliminarlos todos.

Por ejemplo:

$\sqrt{2x-3} - x = -1$

1° $\sqrt{2x-3} = -1 + x$

2° $\left(\sqrt{2x-3}\right)^2 = (-1+x)^2$

3° $2x - 3 = x^2 - 2x + 1 \longrightarrow x^2 - 4x + 4$

$$\frac{4 \pm \sqrt{4^2 - 4 \cdot 1 \cdot 4}}{2} = \frac{4 \pm \sqrt{16 - 16}}{2} = \frac{4}{2} = 2$$

4° $\sqrt{2 \cdot 2 - 3} - 2 = -1 \longrightarrow \sqrt{1} - 2 = -1 \longrightarrow -1 = -1$

SISTEMAS DE ECUACIONES

"Algún matemático dijo que el verdadero placer no reside en el descubrimiento de la verdad, sino en su búsqueda". Tolstoy.

Ecuaciones lineales

Una ecuación lineal con dos incógnitas es una ecuación que se puede expresar de la forma $ax+by=c$, donde x e y son las incógnitas, y a, b y c son números conocidos.

Una solución de una ecuación lineal con dos incógnitas es un par de valores (x_i, y_i) que hacen cierta la igualdad.

Una ecuación lineal con dos incógnitas tiene infinitas soluciones y si las representamos forman una recta.

Un sistema de dos ecuaciones lineales con dos incógnitas son dos ecuaciones lineales de las que se busca una solución común.

Una solución de un sistema de dos ecuaciones lineales con dos incógnitas es un par de valores (x_i, y_i) que verifican las dos ecuaciones a la vez. Resolver el sistema es encontrar una solución.

Un sistema de ecuaciones, según el número de soluciones que tenga, se llama:

• Sistema Compatible Determinado, si tiene una única solución. La representación gráfica del sistema son dos rectas que se cortan en un punto.

• Sistema Compatible Indeterminado, si tiene infinitas soluciones. La representación gráfica del sistema son dos rectas coincidentes.

• Sistema Incompatible, si no tiene solución. La representación gráfica del sistema son dos rectas que son paralelas.

Representación gráfica

Para obtener soluciones de una ecuación lineal con dos incógnitas, se despeja una y se le dan valores a la otra.

$$2x - 5y = 7 \rightarrow y = \frac{2x - 7}{5}$$

x	y
1	-1
3,5	0
6	1
11	3

La ecuación $ax + by = c$ se representa mediante una recta en unos ejes cartesianos.

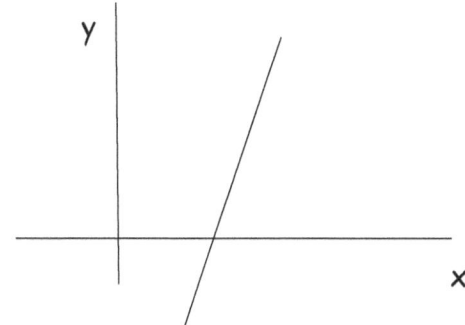

SISTEMA DE ECUACIONES

Formado por dos ecuaciones, debemos encontrar una solución común.

$$\left. \begin{array}{l} ax + by = c \\ a'x + b'y = c \end{array} \right\}$$

Sistemas equivalentes

Son equivalentes cuando tienen la misma solución

MÉTODOS DE RESOLUCIÓN DE SISTEMAS

Método gráfico

Despejamos la misma incógnita en ambas ecuaciones y les damos valores. Una vez hayamos configurado nuestra tabla de valores, la dibujamos en unos ejes cartesianos. Si las dos funciones llegan a cruzarse en un punto, ese será la solución del sistema.

$$\left.\begin{array}{l} 3x + y = 6 \\ 2x - y = 8 \end{array}\right] \begin{array}{l} \rightarrow y = 6 - 3x \\ \rightarrow y = 8 - 2x \end{array}$$

x	y
-2	12
-1	9
0	6
1	3
2	0

x	y
-2	12
-1	10
0	8
1	6
2	4

Como podemos comprobar la solución sería:

$$x = -2 \quad y = 12$$

Método de sustitución (pasos)

1. Se despeja una incógnita (la que queramos) en una de las ecuaciones.
2. Se sustituye la expresión de esa incógnita en la otra.
3. Se resuelve la ecuación obtenida de una sola incógnita.
4. El valor obtenido se sustituye en la ecuación en la que aparecería la incógnita despejada.
5. Comprobar los resultados

$$\left.\begin{array}{l} 3x + 2y = 12 \\ -x + \ y = 1 \end{array}\right]$$

PASOS

1. $y = 1 + x$
2. $3x + 2(1 + x) = 12$
3. $3x + 2 + 2x = 12 \longrightarrow 5x = 10 \longrightarrow x = \frac{10}{5} = 2$
4. $y = 1 + x \longrightarrow y = 1 + 2 = 3$

$x = 2 \quad y = 3$

Comprobamos para asegurarnos que son las soluciones:

$3x + 2y = 12 \longrightarrow 3 \cdot 2 + 2 \cdot 3 = 12$
$-x + y = 1 \longrightarrow -2 + 3 = 1$

Método de igualación (pasos)

1. Se despeja la misma incógnita en ambas ecuaciones.
2. Se igualan las expresiones.
3. Se resuelve la ecuación.
4. El valor obtenido se sustituye en una de las dos expresiones.
5. Comprobamos los resultados.

PASOS

1. $3x + 2y = 12 \qquad\qquad y = \frac{12-3x}{2}$

$\quad -x + y = 1 \qquad\qquad y = 1 + x$

2. $\frac{12-3x}{2} = 1 + x$

3. $12 - 3x = 2 + 2x \longrightarrow 10 = 5x \quad x = 10/5 = 2$

4. $y = 1 + x \longrightarrow y = 1 + 2 = 3$
$\qquad x = 2 \quad y = 3$

5. Misma operación que en la anterior.

57

Método de reducción (pasos)

1. Se preparan las dos ecuaciones (multiplicamos por los números que nos convenga, pero tener muy claro que se multiplica la ecuación entera).
2. Al sumarlas desaparece una de las dos incógnitas.
3. Se resuelve la ecuación.
4. El valor obtenido se sustituye en una de las ecuaciones iniciales y resolvemos.
5. Comprobamos resultados.

PASOS

1. $-x + y = 1$ multiplicamos esta ecuación por -2
   $2x - 2y = -2$

2. $3x + 2y = 12$
   $2x - 2y = -2$
   $5x \quad\quad = 10$

3. $x = \dfrac{10}{5} = 2$
4. $y = 1 + 2 = 3$
   $x = 2 \quad y = 3$

5. Comprobamos lo mismo que en los otros métodos.

Método de reducción doble (pasos)

1. Se preparan las dos ecuaciones (multiplicándolas por los números que convenga). Este paso se realizará dos veces.
2. En una de ellas eliminaremos la x y en la otra la y
3. Se resuelven las ecuaciones.
4. Comprobamos resultados.

1. $3x + 2y = 12$

2.

$$\left. \begin{array}{l} 3x + 2y = 12 \\ -x + y = 1 \end{array} \right]$$

$$\begin{array}{ll} 3x + 2\cancel{y} = 12 & \text{multiplicamos esta} \\ \underline{2x - \cancel{2}y = -2} & \text{ecuación por -2} \\ 5x = 10 \end{array}$$

$$\begin{array}{ll} 3\cancel{x} + 2y = 12 & \text{multiplicamos esta} \\ \underline{-\cancel{3}x + 3y = 3} & \text{ecuación por 3} \\ 5y = 15 \end{array}$$

3. $5x = 10 \longrightarrow x = 10/5 = 2$
   $5y = 15 \longrightarrow y = 15/5 = 3$

SISTEMA DE GAUSS

Hacer diagonal

Orden de hacer ceros

Siempre hacer el cero con el primero

$$\begin{bmatrix} x - y + 3z = -4 \\ x + y + z = 2 \\ x + 2y - z = 6 \end{bmatrix}$$

$\xrightarrow{-1 \cdot F_1 + F_2}$

$-x + y - 3z = 4$	$x - y + 3z = -4$
$\underline{x + y + z = 2}$	$2y - 2z = 6$
$2y - 2z = 6$	$x + 2y - z = 6$

$\xrightarrow{-1F_1 + F_3}$

$-x + y - 3z = 4$	$x - y + 3z = -4$
$\underline{x + 2y - z = 6}$	$2y - 2z = 6$
$3y - 4z = 10$	$\underline{3y - 4z = 10}$

$\xrightarrow{-3F_2 + 2F_3}$

$-6y + 6z = -18$	$x - y + 3z = -4$
$\underline{6y - 8z = 20}$	$2y - 2z = 6$
$-2z = 2$	$-2z = 2$

$$-2z = 2 \rightarrow z = \frac{2}{-2} = -1$$

$$2y - 2(-1) = 6 \rightarrow 2y + 2 = 6 \rightarrow y = \frac{4}{2} = 2$$

$$x - 2 + 3 \cdot (-1) = -4 \rightarrow x - 2 + 3 = 4 \rightarrow x = -4 + 5$$
$$= 1$$

$$z = -1 \quad y = 2 \quad x = 1$$

FUNCIONES Y GRÁFICAS

"No debería haber algo como matemáticas aburridas". Edsger Dijkstra.

Un sistema de representación cartesiano está formado por dos rectas o ejes perpendiculares, el de abscisas (eje x) y el de ordenadas (eje y). El punto en el que se cortan los ejes es el origen de coordenadas.

Cada

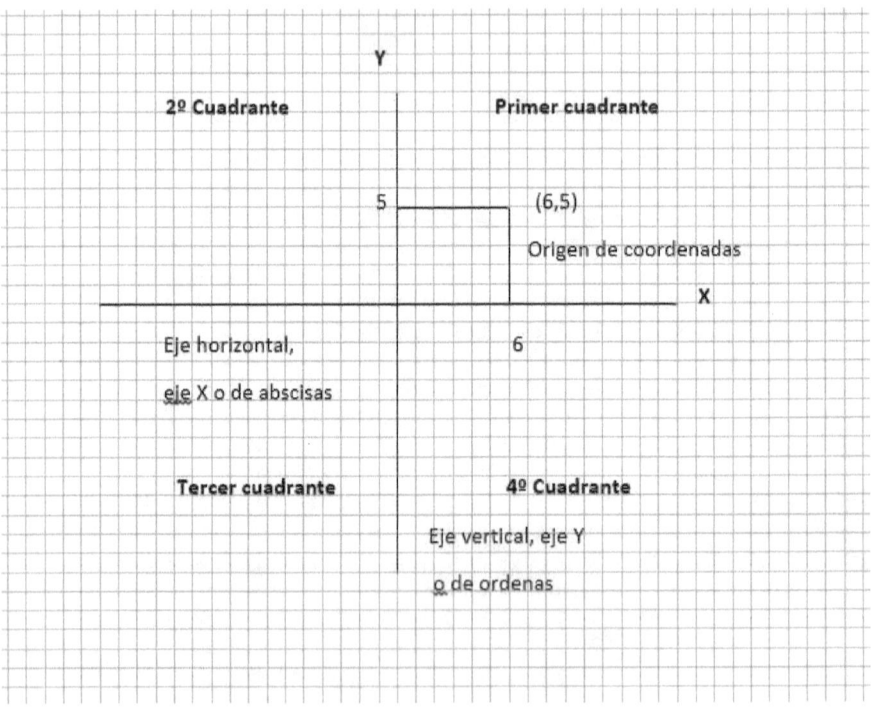

La representación gráfica de la relación existente entre dos magnitudes directamente proporcionales es o bien una recta o bien un conjunto de puntos alineados.

Todas las gráficas anteriores pasan por el origen de coordenadas, es decir por el punto (0,0). Corresponden a las llamadas funciones lineales.

FUNCIONES

Definición:

Relación entre dos variables x,y

X es la variable INDEPENDIENTE

Y es la variable DEPENDIENTE.

La función asocia a cada valor de x un ÚNICO valor de Y. Y es FUNCIÓN de x.

Representación gráfica:

Sobre los ejes CARTESIANOS: x eje horizontal (abscisas) y eje vertical (ordenadas).

Cada punto tiene dos COORDENADAS (x,y)

Descripción de la función:

DOMINIO

Tramo de valores de x para los cuales hay valores de y.

RECORRIDO

Conjunto de valores que toma la función (valores y). Los valores comprendidos entre la mayor y menor variable de y.

Los ejes deben estar GRADUADOS cada uno con su escala.

VARIACIONES DE UNA FUNCIÓN. Siempre mirar de izquierda a derecha.

CRECIENTE

Al aumentar x aumenta y.

DECRECIENTE

Al aumentar x disminuye y.

MÁXIMO

En un punto cuando su ordenada es mayor que las ordenadas de los puntos que las rodean.

MÍNIMO

Cuando su ordenada es menor que la de los puntos que la rodean.

CONTÍNUA

Se puede trazar sin levantar el lápiz del papel.

DISCONTÍNUA

Cuanto tiene saltos.

LA EXPRESIÓN ANALÍTICA DE UNA FUNCIÓN.

Es una ecuación que relaciona algebraicamente las dos variables que intervienen.

Recordar que para que sea una función: para cada valor de X sólo hay un ÚNICO valor de Y.

FUNCIONES LINEALES

FUNCIÓN DE PROPORCIONALIDAD

$y = mx$

Se representa mediante una recta que pasa por (0,0).

La constante de proporcionalidad, m ($+ o -$) se llama PENDIENTE de la recta y tiene que ver con su inclinación.

REPRESENTACIÓN DE LA GRÁFICA A PARTIR DE SU ECUACIÓN

Sustituir las variables por números. Damos valor a x y obtenemos y.

ECUACIÓN A PARTIR DE LA GRÁFICA

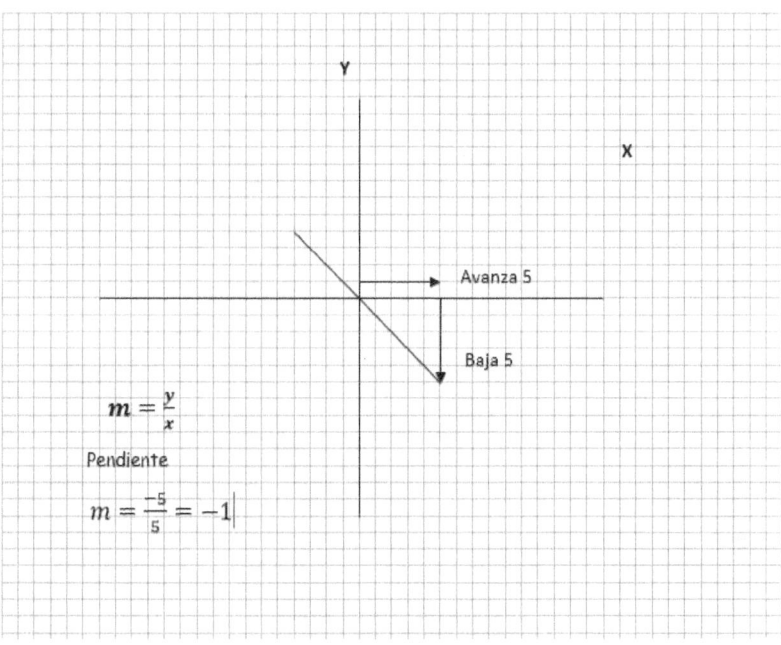

Avanza 5

Baja 5

$m = \dfrac{y}{x}$

Pendiente

$m = \dfrac{-5}{5} = -1$

FUNCIÓN AFÍN

$$y = mx + n$$

Pendiente m (coeficiente de x en la ecuación).

Ordenada en el origen es n.

La funciones representadas mediante rectas son FUNCIONES LINEALES.

AVERIGUAR LA ECUACIÓN DE UNA RECTA DONDE SE CONOCE UN PUNTO Y LA PENDIENTE.

$$y = y_0 + m(x - x_0)$$

Por ejemplo:

Punto (3,7) m=4

$$y = 7 + 4(x - 3) = 7 + 4x - 12 \longrightarrow y = 4x - 5$$

AVERIGUAR ECUACIÓN DE LA RECTA CONOCIENDO DOS PUNTOS.

$P_1(x_1, y_1)$

$P_2(x_2, y_2)$

$$m = \frac{variación\ de\ la\ y}{variación\ de\ la\ x} = \frac{y_2 - y_1}{x_2 - x_1}$$

Por ejemplo:

$P_1(2, -5)$

$P_2(6,1)$

$$m = \frac{variación\ de\ la\ y}{variación\ de\ la\ x} = \frac{1 - (-5)}{6 - 2} = \frac{6}{4}$$

$y = -5 + \frac{6}{4}(x - 2) \longrightarrow$ aplicamos la fórmula puesto que tenemos la pendiente y dos puntos, cogemos los puntos que queramos.

FUNCIÓN CUADRÁTICA

$$ax^2 + bx + c = 0$$

Si $a > 0$ parábola abierta hacia arriba

Si $a < 0$ parábola abierta hacia abajo

Puntos de corte EJE X:

Resolver la ecuación $ax^2 + bx + c = 0$

Puntos de corte EJE Y $x = 0$ y resolver.

Vértice $x = \dfrac{-b}{2a}$

FUNCIÓN POTENCIAL

Crecimiento	PAR	IMPAR
	Creciente para $x > 0$	creciente en todo el
	Decreciente para $x < 0$	el dominio

Las dos pasan por los puntos (1,a) (0,0) (-1,a)

FUNCIÓN RACIONAL

El dominio lo forman todos los números reales excepto los valores de x que anulan el denominador.

$$f(x) = \frac{p(x)}{q(x)} \quad q(x) \neq 0 \quad D\ \mathbb{R}\ menos\ quien\ anula\ al\ denominador$$

FUNCIÓN DE PROPORCIONALIDAD INVERSA

$$f(x) = \frac{k}{x}$$

GRÁFICA ⟶ HIPÉRBOLA

$D = \mathbb{R}\{0\}$ continua y simétrica respecto al origen de coordenadas

Si $k > 0$ decreciente

Si $k < 0$ creciente

FUNCIONES RADICALES

El criterio viene dado por la variable x bajo el signo radical.

FUNCIÓN EXPONENCIAL

Sea a un número real positivo. La función que a cada número real x le hace corresponder la potencia a^X se llama función exponencial de base a y exponente x.

$$f(x) = a^x$$

FUNCIONES LOGARÍTMICAS

La función logarítmica en base a es la función inversa de la exponencial en base a.

$$f(x) = \log_a x$$

FUNCIONES TRIGONOMÉTRICAS

Función seno

$f(x) = sen\ x$

Función coseno

$f(x) = cosen\ x$

Función tangente

$f(x) = tg\ x$

Función cotangente

$f(x) = cotg\ x$

Función secante

$f(x) = sec\ x$

Función cosecante

$f(x) = cosec\ x$

TRASLACIÓN FUNCIONES

VERTICAL

$f(x) = x^2$

$f(x)' = x^2 + k$

HORIZONTAL

$f(x) = x^2$

$f(x)' = (x + 1)^2$

VERTICAL Y HORIZONTAL

$f(x) = x^2$

$f(x)' = (x + 1)^2 - k$

FUNCIÓN DEFINIDA A TROZOS

Se estudia cada trozo individualmente.

Dibujamos recta de los números reales y miramos dónde van las ecuaciones según los puntos críticos.

SIMETRÍA EJE Y FUNCIONES PARES.

$$f(-x) = f(x)$$

SIMETRÍA RESPECTO ORIGEN. FUNCIONES IMPARES

$$f(-x) = -f(x)$$

PERIOCIDAD

$$f(x) = f(x + T) \qquad T \longrightarrow distancia\ entre\ puntos\ x$$

COMPOSICIÓN DE FUNCIONES

$$fog = f\big(g(x)\big)$$

$$gof = g\big(f(x)\big)$$

Ejemplo:

$$f(x) = 5x + 3 \ \ y \ g(x) = x^2$$

$$fog = f\big(g(x)\big) = 5(x^2) + 3 = 5x^2 + 3$$

$$gof = g\big(f(x)\big) = (5x + 3)^2 = 25x^2 + 30x + 9$$

FUNCIÓN INVERSA O RECÍPROCA

Se llama función inversa o recíproca de f a otra función f^{-1} que cumple:

Si $f(a) = b\ entonces\ f^{-1}(b) = a$

Seguiremos los siguientes pasos:

Primero: cambiamos x por y

Segundo: despejamos y

Por ejemplo:

$$f(x) = x^2 + 3$$

$$y = x^2 + 3 \longrightarrow x = y^2 + 3 \longrightarrow -y^2 = 3 - x \longrightarrow y^2 = -3 + x$$

$$y = \sqrt{-3 + x} \longrightarrow y = \sqrt{3 - x} \longrightarrow f^{-1}(x) = \sqrt{3 - x}$$

FUNCIONES CON VALORES ABSOLUTOS

Las funciones en valor absoluto se transforman en funciones a trozos, siguiendo los siguientes pasos:

1. Se iguala a cero la función, sin el valor absoluto, y se calculan sus raíces.

2. Se forman intervalos con las raíces y se evalúa el signo de cada intervalo.

3. Definimos la función a trozos, teniendo en cuenta que en los intervalos donde la x es negativa se cambia el signo de la función.

4 Representamos la función resultante.

PASOS

1° igualamos a cero el valor absoluto y estudiamos su signo (sólo el signo del valor absoluto) en la recta real.

2° definimos la función a trozos, en las zonas positivas cambiamos el valor absoluto por un paréntesis, y en las zonas negativas multiplicamos por menos uno el valor absoluto.

Por ejemplo: $f(x) = |x - 3| + 5$

1° $x - 3 = 0 \rightarrow x = 3$ $\qquad\qquad\qquad$ $0 - 3 = -3$ y $4 - 3 = 1$

$$\rule{8cm}{0.4pt}$$

$\qquad\qquad$ $-$ $\qquad$ 3 $\qquad$ $+$

2°

$$f(x) \begin{cases} (-x + 3) + 5 & x \leq 3 \\ \\ (x - 3) + 5 & x > 3 \end{cases}$$ el igual lo ponemos donde queramos

$$f(x) \begin{cases} -x + 8 & si\ x \leq 3 \\ \\ x + 2 & si\ x > 3 \end{cases}$$

PROPORCIONALIDAD

"Obvio" es la palabra más peligrosa del mundo en matemáticas. E. T. Bell.

Relación numérica ⟶ Cuando a cada valor de una magnitud le corresponde únicamente un valor de la otra.

RAZÓN: cociente entre dos números.

PROPORCIÓN: es una igualdad entre dos razones.

$$\frac{a}{b} = \frac{c}{d}$$

Se lee: a es a b como c es a d.

a y d se llaman extremos

b y c se llaman medios.

PROPIEDAD FUNDAMENTAL DE LAS PROPORCIONES

El producto de medios es igual al producto de extremos

$$a \cdot d = b \cdot c$$

PROPORCIONALIDAD DIRECTA

Si al duplicar, triplicar... los valores de una magnitud, se duplican, triplican...los valores correspondientes de la otra.

RAZÓN o CONSTANTE

El cociente entre dos valores es constante.

Para averiguar la x en una proporcionalidad:

$$\frac{a}{b} = \frac{c}{x} \qquad x = \frac{c \cdot b}{a}$$

RESOLUCIÓN DE PROBLEMAS CON MAGNITUDES DIRECTAMENTE PROPORCIONALES.

Reducción a la unidad

Ver que las dos magnitudes son directamente proporcionales.

Dividiendo hallar el valor de una de las dos magnitudes que corresponde a una unidad de la otra.

Multiplicando se halla el valor pedido.

Regla de tres simple directa

Ver que las dos magnitudes son directamente proporcionales.

Se escribe:

	magnitud 1	magnitud 2
Dato	a $\longrightarrow$	b
Pregunta	c $\longrightarrow$	x

Se calcula:

$$\frac{a}{b} = \frac{c}{x} \qquad x = \frac{c \cdot b}{a}$$

PROPORCIONALIDAD INVERSA

Si aumenta una magnitud, la otra disminuye y viceversa. Si se multiplica o divide una de ellas por un número, la otra queda dividida (o multiplicada) por el mismo número.

El producto entre cada pareja de valores de ambas magnitudes es constante. Se llama razón de proporcionalidad inversa.

$$\frac{a}{b} = \frac{c}{x} \qquad x = \frac{a \cdot c}{b}$$

PROPORCIONALIDAD COMPUESTA

La proporcionalidad compuesta consiste en relacionar tres o más magnitudes. Al resolver una actividad de proporcionalidad compuesta se relacionan las magnitudes de dos en dos y se mantienen constantes las demás.

PORCENTAJE O TANTO POR CIENTO

Es la cantidad que hay en cada 100 unidades.

Se expresa mediante el símbolo %. Un porcentaje es equivalente a una razón de denominador 100 y también al número decimal correspondiente

%	magnitud
100	total
Porcentaje	cantidad

Para aplicar un porcentaje r% a una cantidad C, se puede plantear una actividad de magnitudes directamente proporcional, como hemos hecho antes.

$$r\% \ de \ C = \frac{C \cdot r}{100} = C \cdot \frac{r}{100}$$

Con esta última fórmula se puede deducir que para calcular un porcentaje, basta multiplicar la cantidad C por el número r/100.

(se puede aplicar la fórmula inferior sustituyendo índice de variación por r/100).

CÁLCULO CON PORCENTAJES

Cálculo de un tanto por ciento de una cantidad

Se expresa el tanto por ciento en forma decimal y se multiplica por él:

15% de 70 $\longrightarrow$ $70 \cdot 0,15 = 10,5$

Obtención del tanto por ciento correspondiente a una proporción.

Para hallar qué tanto por ciento representa una cantidad a, respecto a un total C, se efectúa:

$$\frac{a}{C} \cdot 100$$

Cálculo de aumentos porcentuales

El número por el que hay que multiplicar la cantidad inicial para obtener la cantidad final se llama ÍNDICE DE VARIACIÓN.

En AUMENTOS PORCENTUALES, el índice de variación es 1 más el aumento porcentual expresado en forma decimal.

Para calcular el VALOR FINAL, halla el índice de variación y multiplícalo por la cantidad inicial.

$valor\ final = valor\ inicial \cdot índice\ de\ variación$

Aumento del 16% ⟶ 1,16

Cálculo de disminuciones porcentuales

El ÍNDICE DE VARIACIÓN es 1 menos la diminución porcentual puesta en forma decimal.

El valor final igual que el anterior.

$VF = VI \cdot \acute{I}V$

Cálculo de la cantidad inicial conociendo la variación porcentual y la cantidad final.

$$CANTIDAD\ INICIAL = \frac{CANTIDAD\ FINAL}{\acute{I}NDICE\ DE\ VARIACIÓN}$$

Tras aumentar su precio en un 35% ahora cuesta 738€. ¿Cuánto costaba antes de la subida?

$$CANTIDAD\ INICIAL = \frac{738}{1,35} = 580€$$

Encadenamiento de variaciones porcentuales

Para encadenar aumentos y disminuciones porcentuales, se multiplican los índices de variación.

1º aumenta un 25%, después un 33%

$$C(+25\%) \longrightarrow C \cdot 1,25 \longrightarrow C(33\%) \longrightarrow C \cdot 1,25.1,33 = C \cdot 1,6625$$

ÍNDICE DE VARIACIÓN=66,25%

INTERÉS SIMPLE

Beneficio que produce el dinero prestado, es directamente proporcional a la cantidad prestada y al tiempo que dura el préstamo.

CONCEPTO	NOMBRE	SÍMBOLO
Cantidad prestada	Capital	C
Tiempo del préstamo	Tiempo	t
Un beneficio por 100 en un año	Rédito	r
Beneficio del préstamo	Interés	I

Fórmula:

EN AÑOS	EN MESES	EN DÍAS
$I = \dfrac{C \cdot r \cdot t}{100}$	$I = \dfrac{C \cdot r \cdot t}{1200}$	$I = \dfrac{C \cdot r \cdot t}{36000}$

INTERÉS COMPUESTO

El capital final C_F al cabo de n años de depositar un capital C al r% anual es:

$$C_F = C_O \cdot (1 + \frac{r}{100})^t$$

VECTORES

"Sin matemáticas, no hay nada que puedas hacer. Todo a tu alrededor es matemáticas. Todo a tu alrededor son números". Shakuntala Devi.

CÁLCULO DEL MÓDULO

$$\vec{x} = (a, b) \longrightarrow |\vec{x}| = \sqrt{a^2 + b^2}$$

$$\vec{u} = (2,3) \longrightarrow |\vec{u}| = \sqrt{2^2 + 3^2} = \sqrt{4 + 9} = \sqrt{13} = 3,6$$

OPERACIONES CON VECTORES

$\vec{u}(2,3)$ y $\vec{v}(-3,4)$

$$\vec{u} + \vec{v} = (2,3) + (-3,4) = (2 - 3) + (3 + 4) = (-1,7)$$

$$2\vec{u} - 4\vec{v} = 2(2,3) - 4(-3,4) = (4,6) - (-12,10) = (16, -4)$$

VECTOR DEFINIDO POR DOS PUNTOS

Calcular los componentes de los vectores definidos por los siguientes pares de puntos (segundo menos el primero)

$$A(2, -3) \, B(3,5) \longrightarrow \overrightarrow{AB} = B - A = (3,5) - (2, -3) = (1,8)$$

PENDIENTE Y VECTOR NORMAL

Vector normal, perpendicular: se le da la vuelta y se le cambia el signo de que quieras. Segundo entre primero $\dfrac{y}{x}$

$$\vec{u} = (2,3) \quad \{ m = \frac{3}{2} \qquad \vec{n}(-3,2)$$

ECUACIONES DE LA RECTA

Calcular todas las ecuaciones de la recta definidas por un punto y un vector.

Siempre necesitaremos un punto y un vector director (miramos los pasos anteriores para conseguirlo si no nos lo dan)

Por ejemplo: A(a,b) y $\vec{u}(c,d)$

VECTORIAL

$(x,y) = punto + t(\vec{v}) \rightarrow (x,y) = (a,b) + t(c,d)$

PARAMÉTRICA

$x = a + ct$

$y = b + dt$

CONTÍNUA

$$\frac{x-a}{c} = \frac{y-b}{d}$$

GENERAL/IMPLÍCITA

$d(x-a) = c(y-b)$

EXPLÍCITA

$-cy = -dx - b$

PUNTO PENDIENTE

$$m = \frac{d}{c} \qquad y - b = m(x-a) \qquad m = \frac{y}{x}$$

Por ejemplo:

$A(1,2) \; \vec{v}(3,4)$

<u>VECTORIAL</u>

$$(x,y) = A + t(\vec{v}) \rightarrow (x,y) = (1,2) + t(3,4)$$

<u>PARAMÉTRICA</u>

$$x = 1 + 3t$$

$$y = 2 + 4t$$

<u>CONTÍNUA</u>

$$\frac{x-1}{3} = \frac{y-2}{4}$$

<u>GENERAL O IMPLÍCITA</u>

$$4(x-1) = 3(y-2); \; 4x - 4 = 3y - 6; \; 4x - 3y + 2 = 0$$

<u>EXPLÍCITA</u>

$$-3y = -4x - 2; \; y = \frac{-4x}{-3} - \left(\frac{-2}{-3}\right) = \frac{4}{3}x + \frac{2}{3} \rightarrow m = \frac{4}{3}$$

<u>PUNTO PENDIENTE</u>

$$m = \frac{4}{3} \qquad y - 2 = \frac{4}{3}(x-1)$$

PUNTO MEDIO DE UN SEGMENTO

Fórmula $\quad M = \dfrac{(A+B)}{2}$

Por ejemplo:

Calcular el punto medio del segmento de extremos A(3,4) B(-1,2)

$$M = \frac{(A+B)}{2} = \frac{(3,4) + (-1,2)}{2} = \frac{(2,6)}{2} = (1,3)$$

POSICIÓN RELATIVA DE UN PUNTO Y UNA RECTA

El punto puede pertenecer a la recta o no.

Si un punto cumple las ecuaciones de la recta pertenece a la recta.

Se sustituye los puntos en la ecuación y si se mantiene la igualdad pertenece sino no pertenece.

POSICIÓN RELATIVA ENTRE RECTAS

$$AX + BY + C = 0$$

$$A'X + B'Y + C' = 0$$

$$\frac{A}{A'} = \frac{B}{B'} = \frac{C}{C'} \qquad \text{serán } COINCIDENTES$$

$$\frac{A}{A'} = \frac{B}{B'} \neq \frac{C}{C'} \qquad \text{serán } PARALELAS$$

$$\frac{A}{A'} \neq \frac{B}{B'} \qquad \text{serán } SECANTES$$

ECUACIÓN DE LA CIRCUNFERENCIA

$$(x - a)^2 + (y - b)^2 = r^2$$

PRODUCTO ESCALAR

Propiedad: si el producto escalar de dos vectores es cero, los vectores son perpendiculares.

Se multiplican y se suman. Por ejemplo:

$$\vec{u}(2,3) \; \vec{v}(-3,4)(2,3) \cdot (-3,4) = (2 \cdot -3) + (3 \cdot 4) = -6 + 12 = 6$$

Calcular k para que los siguientes pares de vectores sean perpendiculares:

Vector normal →girar vector y cambiar signo. Se podría hacer pero hay infinitos perpendiculares.

$$\vec{u}(2,k) \quad \vec{v}(-3,4) = -6 + 4k = 0 \quad k = \frac{6}{4} = \frac{3}{2}$$

COORDENADAS DEL PUNTO MEDIO DE UN SEGMENTO

Las coordenadas del punto medio de un segmento coinciden con la semisuma de las coordenadas de los puntos extremos.

$$x_M = \frac{x_1 + x_2}{2} \qquad\qquad y_M = \frac{y_1 + y_2}{2}$$

COORDENADAS DEL BARICENTRO

Baricentro o centro de gravedad de un triángulo es el punto de intersección de sus medianas.

Las coordenadas del baricentro son:

$$G\left(\frac{x_1 + x_2 + x_3}{3}, \frac{y_1 + y_2 + y_3}{3}\right)$$

CONDICIÓN PARA QUE TRES PUNTOS ESTÉN ALINEADOS

Los puntos $A(x_1, y_1), B(x_2, y_2)$ y $C(x_3, y_3)$ están alineados siempre que los vectores vectores $\overrightarrow{AB}$ y $\overrightarrow{BC}$ tengan la misma dirección. Esto ocurre cuando sus coordenadas son proporcionales.

$$\frac{x_2 - x_1}{x_3 - x_2} = \frac{y_2 - y_1}{y_3 - y_2}$$

SIMÉTRICO DE UN PUNTO RESPECTO DE OTRO

Si A' es el simétrico de A respecto de M, entonces M es el punto medio del segmento AA'. Por lo que se verificará igualdad:

$$\overrightarrow{AM} = \overrightarrow{MA'}$$

SEMEJANZA

"Si la gente no cree que las matemáticas son simples, es solo porque no se dan cuente de lo complicado que es la vida". John Louis von Neumann.

TEOREMA DE THALES

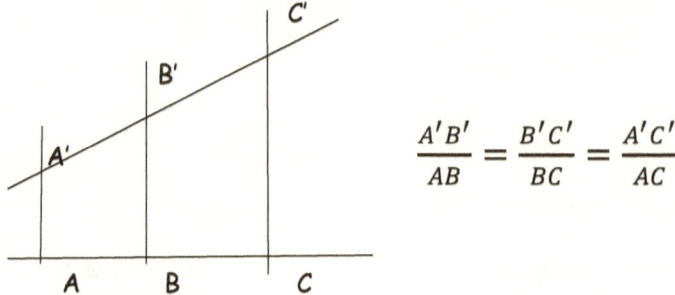

$$\frac{A'B'}{AB} = \frac{B'C'}{BC} = \frac{A'C'}{AC}$$

Si varias rectas paralelas son cortadas por dos secantes r y s, los segmentos que determinan dichas paralelas en la recta r son proporcionales a los segmentos que determinan en s.

FIGURAS SEMEJANTES

Dos figuras son semejantes si sus segmentos correspondientes son proporcionales y sus ángulos iguales. Tienen la misma forma y sólo se diferencia en tamaño.

RAZÓN DE SEMEJANZA

Cada longitud en una de las figuras se obtiene multiplicando la longitud correspondiente en la otra por un número fijo que se llama razón de semejanza.

En las representaciones de objetos esta razón se llama factor de escala.

CRITERIOS DE SEMEJANZA DE TRIÁNGULOS

1. Tienen dos ángulos iguales

$\hat{A} = \hat{A}'$ y $B = B'$

2. Sus lados son proporcionales

$$\frac{a'}{a} = \frac{b'}{b} = \frac{c'}{c}$$

3. Tienen dos lados proporcionales y el ángulo comprendido igual

$$\frac{b'}{b} = \frac{c'}{c} \; y \; \hat{A} = \hat{A}'$$

Escalas

La semejanza de figuras nos permite hacer representaciones de objetos reales a un tamaño más grande (ampliaciones) o más pequeño (reducciones) En las representaciones de objetos la razón de semejanza recibe el nombre de factor de escala.

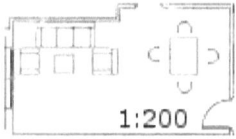

El factor de escala es 200, el salón en la realidad es 200 veces más grande que en el plano.

La escala se expresa en forma de cociente: 1:200

En este caso, 200 es la razón de semejanza o factor de escala. La figura representada será 200 veces más grande que la real. En un plano a escala 1:200 cada centímetro equivale a 200 centímetros en la realidad.

TEOREMA DE PITÁGORAS

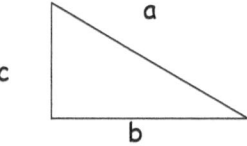

El teorema de Pitágoras da una relación entre la hipotenusa y los catetos de un triángulo rectángulo.

$$a^2 = b^2 + c^2$$

85

En todo triángulo rectángulo se verifica que el cuadrado de la hipotenusa es igual a la suma de los cuadrados de los catetos.

Fórmula para hallar la hipotenusa

$$a = \sqrt{b^2 + c^2}$$

Fórmula para hallar cualquier cateto

$$b = \sqrt{a^2 - c^2} \quad y \quad c = \sqrt{a^2 - b^2}$$

TRIGONOMETRÍA

"No te preocupes por tus dificultades en matemáticas. Te puedo asegurar que las mías son aún mayores". Albert Einstein.

PASAR GRADOS A RADIANES

$$X° \cdot \frac{2\pi rad}{360°} = \frac{x \cdot 2}{360} \cdot \pi \qquad\qquad 360° = 2\pi rad$$

$$90° \cdot \frac{2\pi rad}{360°} = \frac{90 \cdot 2}{360} \cdot \pi = \frac{18\cancel{0}}{36\cancel{0}} \cdot \pi = \frac{1}{2} \cdot \pi = \frac{\pi}{2} rad$$

PASAR RADIANES A GRADOS

$$\frac{x\pi}{y} rad \cdot \frac{360}{2\pi rad}$$

$$\frac{2\pi}{3} rad \rightarrow \frac{2\pi}{3} = \frac{2\cancel{\pi rad}}{3} \cdot \frac{360}{2\cancel{\pi rad}} = \frac{360}{3} = 120°$$

RAZONES TRIGONOMÉTRICAS: Resolución de triángulos rectángulos

El opuesto al ángulo recto es la hipotenusa.

El lado opuesto al ojo es el cateto opuesto.

El que queda es el cateto contiguo.

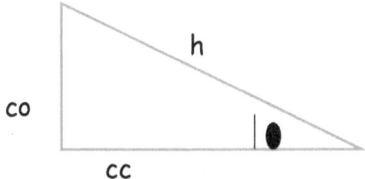

RAZONES TRIGONOMÉTRICAS

$$sen\alpha = \frac{co}{h} \qquad cos\alpha = \frac{cc}{h} \qquad tan\alpha = \frac{co}{cc}$$

TEOREMAS

Teorema del coseno

$$a^2 = b^2 + c^2 - 2bc \cdot cos\hat{A}$$

$$b^2 = a^2 + c^2 - 2ac \cdot cos\hat{B}$$

$$c^2 = a^2 + b^2 - 2ab \cdot cos\hat{C}$$

Teorema del seno

$$\frac{a}{sen\hat{A}} = \frac{b}{sen\hat{B}} = \frac{c}{sen\hat{C}}$$

TRUCOS RAZONES TRIGONOMÉTRICAS 0°, 30°, 45°, 60° y 90°

	0°	30°	45°	60°	90°
Seno	$\frac{\sqrt{0}}{2}$ 0	$\frac{\sqrt{1}}{2}$ $\frac{1}{2}$	$\frac{\sqrt{2}}{2}$ $\frac{\sqrt{2}}{2}$	$\frac{\sqrt{3}}{2}$ $\frac{\sqrt{3}}{2}$	$\frac{\sqrt{4}}{2}$ 1
Coseno	1	$\frac{\sqrt{3}}{2}$	$\frac{\sqrt{2}}{2}$	$\frac{1}{2}$	0
Tangente	0	$\frac{1}{\sqrt{3}}$	1	$\sqrt{3}$	$\nexists$

ECUACIONES TRIGONOMÉTRICAS

$$tan\alpha = \frac{sen\alpha}{cos\alpha} \quad cotg\alpha = \frac{cos\alpha}{sen\alpha} \quad sec\alpha = \frac{1}{cos\alpha} \quad cosec\alpha = \frac{1}{sen\alpha}$$

Fórmula fundamental trigonometría

$$cos^2\alpha + sen^2\alpha = 1 \begin{cases} sen^2\alpha = 1 - cos^2\alpha \\ cos^2\alpha = 1 - sen^2\alpha \\ 1 + tan^2\alpha = \frac{1}{cos^2\alpha} ; 1 + tan^2\alpha = sec^2\alpha \end{cases}$$

Ángulos dobles

$$sen(2\alpha) = 2sen\alpha \cdot cos\alpha$$

$$cos(2\alpha) = cos^2\alpha - sen^2\alpha$$

GEOMETRÍA DEL PLANO

"La geometría es una ciencia del conocimiento del ser, pero no de lo que está sujeto a la generación y a la muerte. La geometría es una ciencia de lo que siempre es". Platon.

RECTAS

Los elementos fundamentales de la geometría plana son los puntos y las rectas.

La línea recta es la más corta entre dos puntos.

Dos rectas son paralelas si no se cortan en ningún punto y son secantes si se cortan en un punto.

Dos rectas son perpendiculares si dividen al plano en cuatro regiones de la misma amplitud.

Mediatriz de un segmento es una recta perpendicular a este segmento y que lo corta en dos partes iguales.

Se dice que dos puntos A y B son simétricos con respecto a una recta, si esta recta es la mediatriz del segmento AB

ÁNGULOS

Ángulo es cada una de las dos regiones en que dos semirrectas con el mismo origen dividen al plano.

Clases de ángulos

Según su abertura pueden ser rectos (lados perpendiculares), agudos (menores que el recto), obtusos (mayor que el recto), llanos (igual a dos rectos) y completos (igual a cuatro rectos).

Según su posición relativa pueden ser consecutivos (tienen el vértice y un lado comunes), adyacentes (son consecutivos y además forman un ángulo llano) y opuestos por el vértice (tienen el vértice común y los lados en prolongación).

Al dividir una circunferencia en 360 partes iguales se obtiene un grado. Así la circunferencia completa tiene 360 grados, el ángulo recto mide 90 grados y el llano mide 180 grados.

Para precisar la medida utilizamos unidades menores que el grado: minuto y segundo. Un grado son 60 minutos y 3600 segundos. Por lo que un minuto son 60 segundos.

La bisectriz de un ángulo es la semirrecta que pasa por el vértice del ángulo y lo divide en dos ángulos iguales.

La mediatriz de un segmento es la línea recta perpendicular al segmento por su punto medio, divide en dos segmentos iguales.

Para operar con grados utilizaremos el sistema sexagesimal.

$$1° = 60\ minutos \quad 1\ minuto = 60\ segundos \quad 1° = 3600\ segundos$$

Al estar en este sistema debemos recordar que se cuenta de 60 en 60

Suma

$$6^0 \quad 15\ min$$
$$+\ 3^0 \quad 55\ min$$
$$\overline{\quad\quad\quad\quad\quad}$$
$$9^0 \quad \underline{70\ min} \quad \longrightarrow 10^0\ 10\ min$$

$$60 + 10\ min \longrightarrow 9+1$$
$$\downarrow$$
$$1^0$$

Resta

$$13^0\ 12\ min \qquad\qquad 12^0\ 72\ min$$
$$-\ \underline{6^0\ 25\ min} \quad \longrightarrow \quad -\ \underline{6^0\ 25\ min}$$
$$13-1=12 \qquad\qquad\qquad 6^0\ 47\ min$$
$$1^0=60\ min \longrightarrow 60+12=72$$

Multiplicación

$5^0\ 35'\ 22''$

$\underline{X\qquad\quad 7}$

$35^0\ 245'\ 154'' \longrightarrow 39^0\ 7'\ 34''$

$154''=2'\ 34'' \longrightarrow 34''$

$245'+2'=247'=4^0\ 7' \longrightarrow 7'$

$35^0+4^0=39^0$

División

$$39^0\ 7'\ 34'' \ \big|\ \underline{7\qquad\qquad}$$

$\quad 4^0+7' \qquad\quad 5^0\ 35'\ 22''$

$\quad \underline{247'}$

$\quad\ \ \underline{37'}$

$\qquad 2'+34''$

$\qquad\ \underline{154''}$

$\qquad\ \ \underline{14''}$

$\qquad\quad 0$

POLÍGONOS, PERÍMETROS Y ÁREAS

"Con números se puede demostrar cualquier cosa". Thomas Carlyle.

Antes de entrar de lleno en el tema debemos recordar las unidades de superficie pues son con las que vamos a trabajar durante todo este capítulo.

UNIDADES DE SUPERFICIE

El metro cuadrado m^2 es la unidad principal.

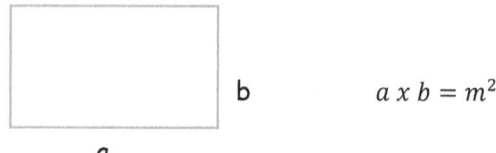

b $a \; x \; b = m^2$

a

La superficie (área) se halla multiplicando los lados.

TABLA

Km^2	hm^2	dam^2	m^2	dm^2	cm^2	mm^2
$1000000m^2$	$1000m^2$	$100m^2$		$0,01m^2$	$0,0001m^2$	$0,000001m^2$
			1			

——————————————— x100 ——————————————→

←——————————————— :100 ———————————————

UNIDADES AGRARIAS

Hectárea (ha) $\longrightarrow 1hm^2 \longrightarrow 10000m^2$

Área (a) $\longrightarrow 1dm^2 \longrightarrow 100m^2$

Centiárea (ca) $\longrightarrow 1m^2$

POLÍGONOS, PERÍMETROS Y ÁREAS

Una línea poligonal es la que se obtiene al concatenar varios segmentos. Puede ser abierta o cerrada.

Un polígono es la superficie interior de una línea poligonal cerrada. Pueden ser: cóncavos, convexos y regulares e irregulares.

Los triángulos pueden clasificarse:

<u>Según sus lados</u>

Equiláteros: cuando tienen los tres lados iguales

Isósceles: cuando tienen dos lados iguales.

Escalenos: cuando tienen los tres lados desiguales.

<u>Según sus ángulos</u>

Acutángulos: tienen los tres ángulos agudos.

Rectángulos: tienen un ángulo recto.

Obtusángulos: tienen un ángulo obtuso.

En un triángulo se definen cuatro tipos de rectas denominadas, genéricamente, rectas notables. Esas rectas son:

• Mediatrices: rectas perpendiculares a cada uno de los lados por su punto medio.

• Bisectrices: rectas que dividen a cada uno de los ángulos en dos ángulos iguales.

• Medianas: son los segmentos que van de cada vértice al punto medio del lado opuesto.

• Alturas: rectas perpendiculares a cada uno de los lados que pasan por el vértice opuesto.

En un triángulo tendremos tres rectas de cada tipo.

Los puntos de intersección de dichas rectas se denominan puntos notables y son:

• Circuncentro: punto de intersección de las tres mediatrices.

• Incentro: punto de intersección de las tres bisectrices.

• Baricentro: punto de intersección de las tres medianas.

• Ortocentro: punto de intersección de las tres alturas.

Los cuadriláteros pueden clasificarse:

<u>Según sus lados</u>

Paralelogramos: los lados son paralelos dos a dos.

No paralelogramos: los lados opuestos no son paralelos dos a dos.

<u>Según sus lados y ángulos</u>

Cuadrados: lados iguales y ángulos rectos.

Rectángulos: lados iguales dos a dos y ángulos rectos.

Rombos: lados iguales y ángulos iguales dos a dos.

Romboides: lados iguales dos a dos y ángulos iguales dos a dos.

La circunferencia y el círculo

La circunferencia es una figura plana en la que todos sus puntos están a la misma distancia del centro.

El círculo es la figura plana formada por una circunferencia y todos los puntos interiores a ella.

R es la longitud de radio con la que podremos obtener el perímetro y el área del mismo.

PERÍMETRO DE LAS ÁREAS

Se calcula sumando todos sus lados, a excepción del círculo que tiene fórmula

$perímetro = 2\pi r$

CÁLCULO DE ÁREAS FÓRMULAS

Triángulo $\quad A = \dfrac{b \cdot a}{2}$

Cuadrado $\quad A = l^2$

Rectángulo $\quad A = b \cdot a$

Romboide $\quad A = b \cdot a$

Rombo $\quad A = \dfrac{D \cdot d}{2}$

Trapecio $\quad A = \dfrac{(B+b) \cdot a}{2}$

Polígono regular $\quad A = \dfrac{perímetro \cdot ap}{2}$

Círculo $\quad A = \pi r^2$

Sector circular $\quad A = \dfrac{\pi r^2 n^{\circ} grados}{360}$

ÁREAS DE LOS POLIEDROS REGULARES

Los poliedros tienen todas sus caras iguales. Para calcular su área, se calcula el área de una de sus caras y se multiplica por el número de caras que tiene.

Tetraedro $\quad A = a^2\sqrt{3}$

Cubo $\quad A = 6 \cdot a^2$

Icosaedro $\quad A = 5 \cdot a^2\sqrt{3}$

Octaedro $\quad A = 2 \cdot a^2\sqrt{3}$

Dodecaedro $\quad A = 5 \cdot a^2\sqrt{25 + 10\sqrt{5}}$

ÁREAS DE LOS CUERPOS GEOMÉTRICOS

Área lateral: suma de las áreas de todas las caras laterales de un cuerpo geométrico.

Área total: suma del área lateral y del área de las bases de un cuerpo geométrico.

Pirámide

$Al = n^{\underline{o}}\ caras \cdot área\ del\ triángulo \quad At = Al + área\ del\ polígono\ regular$

Tronco de pirámide

$Al = n^{\underline{o}}\ caras \cdot área\ del\ trapecio \quad At = Al + área\ del\ polígonos\ regulares$

Cilindro

$Al = 2\pi rh \quad At = 2\pi rh + 2\pi r^2$

Cono

$Al = \pi rg \quad At = \pi rg + \pi r^2$

Tronco de cono

$Al = \pi g(R + r) \quad At = \pi g(R + r) + \pi R^2 + \pi r^2$

Prisma

$Al = n^{\underline{o}}\ caras \cdot área\ del\ rectángulo$

$At = Al + 2 \cdot área\ del\ polígono\ regular$

Esfera

$A = 4\pi r^2$

VOLUMEN DE LOS CUERPOS ELEMENTALES

"Ningún empleo puede ser controlado sin aritmética, ninguna invención mecánica sin geometría". Benjamin Franklin.

El volumen de un cuerpo es la cantidad de espacio que ocupa. Se calcula en metros cúbicos m^3

La capacidad es lo que cabe dentro de un recipiente. Se calcula en litros.

Recordar:

$1m^3 = 1000l$ $1dm^3 = 1l$ $1000cm^3 = 1l$ $1cm^3 = 1ml$

CÁLCULO DEL VOLUMEN

a=arista

Cubo $V = a^3$

Ortoedro $V = a \cdot b \cdot c$

Prisma recto $V = B \cdot h$ $B = \text{área base} \quad y \quad h = altura$

Pirámide $V = \frac{B \cdot h}{3}$

Cono $V = \frac{\pi r^2 h}{3}$

Cilindro $V = \pi r^2 h$

Esfera $V = \frac{4\pi r^3}{3}$

Tronco cono $V = V_{cono \ grande} - V_{cono \ pequeño}$

Tronco pirámide $V = V_{pirámide \ grande} - V_{pirámide \ pequeña}$

Paralelepípedo $V = B \cdot h$

ESTADÍSTICA

"Para la mayoría de los estudiantes la estadística es un tema misterioso donde operamos con números por medio de fórmulas que no tienen sentido". Grahanm.

Lo que debemos saber es realizar el recuento en variables cualitativas y cuantitativas, calcular la tabla de frecuencias y grados y construir los diagramas de sectores, barras o la línea poligonal.

Población y muestra

Cuando se hace un estudio estadístico el investigador decide si analizará toda la población o una muestra elegida previamente.

Población es el conjunto de individuos, con alguna característica común, sobre el que se hace un estudio estadístico.

La muestra es un subconjunto de la población. Debe elegirse que sea representativa de toda la población en la característica estudiada.

Atributos y Variables.

Cada una de las propiedades o características que podemos estudiar es una variable estadística.

Dependiendo de los posibles valores que puedan tomar se clasifican en:

• Variables cualitativas o atributos. Los valores de la variable no son números sino cualidades, se expresan con palabras. El color, la forma, el sexo,...son ejemplos de variables cualitativas.

• Variables cuantitativas. Los datos se expresan numéricamente y pueden ser:

• Discretas. Cada una de las variables solo puede tomar valores enteros (1, 2, 3...). El n° de hermanos, el n° ventanas de casa, el n° colegios de tu población,...

• Continuas. Pueden tomar cualquier valor de un intervalo dado. Nuestro peso, altura, fuerza, no es posible medirlas con números enteros, la densidad del aire, la velocidad media de los fórmula 1 en una carrera,...

Recuento y gráficos

Es parte del proceso, después de recopilar los datos se procede a su recuento para expresarlos de forma ordenada y para que sea más fácil trabajar con ellos.

Generalmente se elabora una tabla como se muestra a la izquierda donde puedes practicar.

• Frecuencia absoluta, es el n° de veces que aparece un dato. A la de xi la llamaremos fi.

• Frecuencia relativa, es el cociente entre la frecuencia absoluta y el n° total de datos.

• Frecuencia acumulada de un dato, es la suma de las frecuencias absolutas de los valores que son menores o iguales que él, la indicaremos con Fi. También se pueden calcular las frecuencias relativas acumuladas.

Diagramas de barras y de sectores

Los datos estadísticos suelen representarse de forma gráfica, ya que de esta forma podemos hacernos una idea de su distribución de un solo golpe de vista. En función del tipo de variable conviene más usar un tipo de gráfico u otro.

• Diagrama de sectores, puede aplicarse a cualquier tipo de variable, aunque es el más adecuado en variables cualitativas y para una primera toma de contacto con los valores de una población. Es un círculo dividido en sectores de ángulo proporcional a la frecuencia de cada valor.

La amplitud de cada sector se obtiene multiplicando la frecuencia relativa por 360°.

$$\frac{frecuencia}{n^{\underline{o}}\,total\,de\,datos} = \frac{grados\,del\,sector}{360}$$

100

Diagrama de barras. También puede aplicarse a cualquier tipo de variable, aunque se considera el idóneo para variables discretas.

Cada valor se corresponde con una barra de longitud proporcional a su frecuencia.

Histograma

Cuando los datos vienen agrupados en intervalos se usa para representarlos gráficamente el histograma.

Cada valor se representa con un rectángulo de anchura el intervalo correspondiente y con la altura proporcional a su frecuencia.

Polígono de frecuencias.

Lo creamos al unir los extremos superiores de las barras de los histogramas o de los diagramas de barras.

PARÁMETROS ESTADÍSTICOS

Medidas de centralización y posición

MEDIA (promedio)

Para calcular la media si son pocos los datos, se suman todos y se divide entre el número total.

$$\bar{x} = \frac{x_1 + x_2 + x_3 + \ldots + x_n}{n} \longrightarrow \bar{x} = \frac{\sum x_i}{n}$$

MODA

La moda, Mo, de una distribución estadística es el valor de la variable que más se repite, el de mayor frecuencia absoluta.

MEDIANA

Ordenamos los datos de menor a mayor. El dato que está justo en medio. Si los datos son par, se le asigna el valor medio de los dos términos centrales.

La mediana divide la distribución en dos partes con igual n° de datos, si la dividimos en cuatro partes obtenemos los cuartiles, 1°, 2° y 3°, que se indican respectivamente:

$$Q_1 = \frac{N}{4} \qquad Q_2 = \frac{N}{2} \qquad Q_3 = \frac{3N}{4}$$

Medidas de dispersión

RANGO Y DESVIACIÓN MEDIA

Las medidas de dispersión indican si los datos están más o menos agrupados respecto de las medidas de centralización.

• Rango o recorrido, es la diferencia entre el mayor y el menor valor de la variable, indica la longitud del intervalo en el que se hallan todos los datos.

Aunque el rango da una información importante, resulta más interesante calcular cuánto se desvían en promedio los datos de la media.

• Desviación media, es la media de los valores absolutos de las diferencias entre la media y los diferentes datos. Promedio de las distancias de los datos a la media.

$$DM = \frac{|x_1 - \bar{x}| + |x_2 - \bar{x}| + \ldots |x_n - \bar{x}|}{n}$$

$$DM = \frac{\sum |x_i - \bar{x}|}{n}$$

VARIANZA

La varianza es la media de los cuadrados de las desviaciones.

$$Varianza = \frac{x_1^2 + x_2^2 + x_n^2}{n} - \bar{x}^2$$

$$varianza = \sigma^2 \qquad \sigma^2 = \frac{\sum f_i (x_i - \bar{x})^2}{n}$$

DESVIACIÓN TÍPICA

La desviación típica es la raíz cuadrada positiva de la varianza. Para designarla emplearemos la letra griega "sigma" σ

$$\sigma = \sqrt{varianza} \qquad \sigma = \sqrt{\sigma^2}$$

COEFICIENTE DE VARIACIÓN

Es el cociente entre la desviación típica y la media, se utiliza para comparar las dispersiones de datos de distinta media.

$$CV = \frac{\sigma}{\bar{x}}$$

CONSTRUIR UNA TABLA DE FRECUENCIAS RELATIVAS

FRECUENCIA RELATIVA

$$h_i = \frac{f_i}{N}$$

FRECUENCIA ABSOLUTA ACUMULADA

$$F_i \rightarrow f_1 + f_2 \dots f_1 + f_2 + f_3 \dots$$

FRECUENCIA RELATIVA ACUMULADA

$$H_i = \frac{F_i}{N}$$

CÓMO HACER UNA TABLA DE FRECUENCIAS

x_i	f_i	$x_i f_i$	$x_i - \bar{x}$	$(x_i - \bar{x})^2$	$f_i(x_i - \bar{x})^2$	h_i	F_i	H_i	%
N	$\sum x_i f_i$	$\sum x_i - \bar{x}$			$\sum f_i(x_i - \bar{x})^2$				

UTILIZAR CALCULADORA CIENTÍFICA

MODELO 1

Modo estadístico

Primero se ha de elegir el modo estadístico. En muchas calculadoras se hace pulsando: [MODE][·]

Datos desordenados

A continuación hay que introducir los datos, por ejemplo para 2, 3, 4, 3 teclearemos:

[2][M+] [3][M+] [4][M+] [3][M+]

Y para hacer los cálculos:

• Para la media [SHIFT] [$\bar{x}$]

• Para la desviación típica [SHIFT] [σn]

También se puede sumar todos, o los cuadrados, o contar el n° de datos introducidos, pulsando respectivamente:

[SHIFT][Σx] [SHIFT][Σx2] [SHIFT][n]

Datos en una tabla

104

Se introducen los datos según la secuencia:

$x_i \ f_i$

2	4	[2][×][4][M+]
3	3	[3][×][3][M+]
4	5	[4][×][5][M+]

Y ahora ya se pueden realizar los cálculos como antes.

MODELO 2

Modo estadístico e introducción de datos

Elegimos el modo estadístico (mode stat 1-VAR) y nos aparece una columna donde introducir datos, uno tras otro, no importa que vayan desordenados. Si tuviéramos una tabla con frecuencias tendríamos que activar las frecuencias (Setup frequency on) y rellenar las columnas. Después del último dato pulsar AC.

Cálculos

Pulsando SHIFT STAT nos aparece un menú,

1:type, 2:Data, 3:Edit, 4:Sum, 5:Var 6:MinMax. Con la opción 5:Var accederemos a calcular la media, desviación típica y cantidad de datos. Con la opción 4:sum las sumas que habitualmente necesitamos. Con la opción 6:MinMax el mínimo y el máximo. Y con la opción 2:Data podremos modificar los datos introducidos.

PROBABILIDAD

"El pensamiento estadístico será algún día tan necesario para el ciudadano competente como la habilidad de leer y escribir". H.G. Wells

EXPERIMENTOS ALEATORIOS

<u>Espacio muestral y sucesos</u>

Un experimento aleatorio es aquel que antes de realizarlo no se puede predecir el resultado que se va a obtener. En caso contrario se dice determinista.

Aunque en un experimento aleatorio no sepamos lo que ocurrirá al realizar una "prueba" si que conocemos de antemano todos sus posibles resultados.

El espacio muestral es el conjunto de todos los resultados posibles de un experimento aleatorio. Se suele designar con la letra E.

Cada uno de estos posibles resultados se llama suceso elemental.

Llamaremos suceso a cualquier subconjunto del espacio muestral. El mismo espacio muestral es un suceso llamado suceso seguro y el conjunto vacío, Ø, es el suceso imposible.

Sucesos elementales (individuales) son los elementos de E.

Suceso contrario de un suceso A está formado por todos los sucesos elementales que no están en A. se representa por $\bar{A}$

Ejemplo:

En el experimento de lanzar un dado de 6 caras, calcular:

a) Espacio muestral $E = \{1, 2, 3, 4, 5, 6\}$

b) sucesos elementales $\{1\}\{2\}\{3\}\{4\}\{5\}\{6\}$

c) suceso A sacar par $A = \{2, 4, 6\}$

d) suceso B sacar múltiplo de 3 $B = \{3, 6\}$

e) suceso contrario de **A** $\bar{A} = \{1,3,5\}$

f) suceso seguro y un suceso imposible $C = \{1, 2, 3, 4, 5, 6\}$ $D = \{8\}$

<u>Técnicas de recuento</u>

En muchas ocasiones un experimento aleatorio está formado por la sucesión de otros más sencillos, se dice compuesto, es el caso de "tirar dos dados",

"lanzar dos o más monedas", "extraer varias cartas de una baraja",...

En estos casos para obtener el espacio muestral se puede utilizar alguna de estas técnicas:

• Construir una tabla de doble entrada, si se combinan dos experimentos simples.

• Hacer un diagrama de árbol, más útil si se combinan dos o más experimentos simples.

Observa que si el primer experimento tiene m resultados distintos y el segundo n, el número de resultados para la combinación de ambos experimentos es m·n.

	1	2	3	4	5	6
1	1	2	3	4	5	6
2	2	2	3	4	5	6
3	3	3	3	4	5	6
4	4	4	4	4	5	6
5	5	5	5	5	5	6
6	6	6	6	6	6	6

OPERACIONES CON SUCESOS

Unión

AUB es el suceso formado por todos los elementos de A y todos los elementos de B.

Intersección

A∩B es el suceso formado por todos los elementos que son, a la vez, de A y de B. Los que tienen en común.

Sucesos incompatibles

Dos sucesos A y B se llaman incompatibles cuando no tienen ningún elemento en común. Es decir, cuando A∩B= Ø (si tienen alguno en común son COMPATIBLES)

Ejemplo:

En el experimento de lanzar un dado de 6 caras sean los sucesos A: sacar par, B: sacar múltiplo de 3. Calcular:

a) AUB $\longrightarrow$ $A \cup B = \{2,3,4,6\}$

b) A∩B $\longrightarrow$ $A \cap B = \{6\}$

c) ¿son incompatibles? ¿$A \cap B = \emptyset$? Los sucesos A y B son compatibles.

REGLA DE LAPLACE

$$P(A) = \frac{número\ de\ casos\ favorables\ a\ A}{número\ de\ casos\ posibles}$$

Ejemplo: Dado de seis caras, calcular:

a) sacar 1 $P(A) = \frac{1}{6}$

b) múltiplo de 3 $B = \{3,6\}$

c) número par $P(B) = \frac{2}{6} = \frac{1}{3}$

d) sacar un 8 $D = \emptyset$

e) sacar del 1 al 6 $E = \{1,2,3,4,5,6\}$ $P(E) = \dfrac{6}{6} = 1$

Frecuencia y probabilidad

Con la regla de Laplace podemos calcular la probabilidad de un suceso en experimentos regulares, pero si la experiencia es irregular o desconocemos la probabilidad de cada uno de los posibles resultados entonces es preciso recurrir a la experimentación.

Como sabes la frecuencia absoluta de un suceso es el número de veces que aparece cuando se repite un experimento aleatorio, y la frecuencia relativa es la frecuencia absoluta dividida por el número de veces, n, que se repite el experimento aleatorio. Cuando este número n es muy grande, la frecuencia relativa con que aparece un suceso tiende a estabilizarse hacia un valor fijo. Este resultado, conocido como ley de los grandes números, permite definir la probabilidad de un suceso como ese número hacia el que tiende la frecuencia relativa al repetir el experimento muchas veces.

PROPIEDADES DE LA PROBABILIDAD

1. La suma de las probabilidades de un suceso y su contrario vale 1, por tanto la probabilidad del suceso contrario es:

$P(\bar{A}) = 1 - P(A)$

2. Probabilidad suceso imposible es cero.

$P(\bar{\emptyset}) = 0$

3. La probabilidad de la unión de dos sucesos es la suma de sus probabilidades restándole la probabilidad de la intersección.

$P(A \cup B) = P(A) + P(B) - P(A \cap B)$

4. Si un suceso está incluido en otro, su probabilidad es menor o igual a la de éste.

Si $A \subset B$, entonces $P(A) \leq P(B)$

5. Si $A_1, A_2, \ldots A_k$ son incompatibles dos a dos, entonces:

$P(A_1 \cup A_2 \cup \ldots \cup A_k) = P(A_1) + P(A_2) + \ldots P(A_k)$

6. Si el espacio muestral E es finito y un suceso es

$S = \{x_1, x_2, \ldots x_n\}$ entonces:

$P(S) = P(x_1) + P(x_2) + \ldots P(x_n)$

DIFERENCIA DE SUCESOS

$(A - B) = P(A \cap \bar{B}) = P(A) - P(A \cap B)$

$P(\bar{A} \cap B) = P(B) - P(A \cap B)$

DIFERENCIA SIMÉTRICA

$P((\bar{A} \cap B) \cup (A \cap \bar{B})$

$P(A) + P(B) - 2P(A \cap B)$

LEYES DE MORGAN

$P(\bar{A} \cap \bar{B}) = P(\overline{A \cup B}) = 1 - P(A \cup B)$

PROBABILIDAD CONDICIONADA

$P\left(A/_B\right) = \dfrac{P(A \cap B)}{P(B)}$

SUCESOS DEPENDIENTES E INDEPENDIENTES

$P\left(A/_B\right) = P(A) \rightarrow independientes$

$\dfrac{P(A \cap B)}{P(B)} = P(A) \rightarrow P(A \cap B) = P(A) \cdot P(B)$

$P\left(A/_B\right) \neq P(A) \rightarrow dependientes$

$\dfrac{P(A \cap B)}{P(B)} \neq P(A) \rightarrow P(A \cap B) \neq P(A) \cdot P(B)$

EXPERIMENTOS COMPUESTOS

Regla de la multiplicación

Un experimento compuesto es el que está formado por varios experimentos simples realizados de forma consecutiva.

Para calcular el espacio muestral de un experimento compuesto conviene, en muchas ocasiones, hacer un diagrama de árbol que represente todas las opciones.

Cada resultado viene dado por un camino del diagrama. Observa en el ejemplo cómo construir un diagrama de árbol.

Si te fijas en el ejemplo anterior, al indicar la probabilidad de cada rama del camino, se obtiene la probabilidad de cada suceso compuesto calculando el producto de los respectivos sucesos simples.

Para calcular la probabilidad de un suceso en un experimento compuesto se multiplican las probabilidades de los sucesos simples que lo forman.

Extracciones con devolución y sin devolución

Un ejemplo de experimento compuesto lo encontramos en la extracción sucesiva de cartas o de bolas de una urna,... en estos casos hay que considerar si se devuelve la carta, bola, etc. antes de sacar la siguiente o no.

DIAGRAMA DE ÁRBOL

Experimento: lanzar tres monedas.

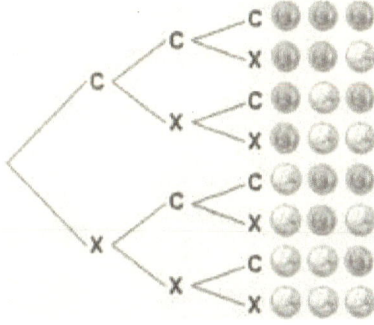

resultados: $2 \cdot 2 \cdot 2 = 8$

111

COMBINATORIA

"El arte es la ciencia de la belleza, las matemáticas son la ciencia de la verdad". Oscar Wilde.

NÚMEROS COMBINATORIOS

$$\binom{m}{n} = m \text{ sobre } n. \qquad \binom{m}{n} = \frac{m!}{n!\,(m-n)!}$$

Números factoriales

$$n! = n\,factorial \rightarrow n! = n \cdot (n-1) \cdot (n-2) \cdot (n-3)\ldots$$

$$\binom{10}{6} = \frac{10!}{6!\,(10-6)!} \rightarrow \frac{10 \cdot 9 \cdot 8 \cdot 7 \cdot 6 \cdot 5 \cdot 4 \cdot 3 \cdot 2 \cdot 1}{6 \cdot 5 \cdot 4 \cdot 3 \cdot 2 \cdot 1 \cdot (4 \cdot 3 \cdot 2 \cdot 1)} = \frac{362880}{72024} = 210$$

VARIACIONES SIN REPETICIÓN

$$V_{m,n} = variaciones\ de\ m\ elementos\ tomados\ de\ n\ en\ n$$

$$V_{m,n} = \frac{m!}{(m-n)!} \rightarrow V_{m,n} = m(m-1)(m-2)\ldots(m-n+1)$$

VARIACIONES CON REPETICIÓN

$$VR_{m,n} = variaciones\ con\ repetición\ de\ m\ elementos\ tomados\ de\ n\ en\ n$$

$$VR_{m,n} = m^n$$

PERMUTACIONES SIN REPETICIÓN

$$P_m = permuta\ de\ m\ elementos \rightarrow P_m = m! \rightarrow P_m = m(m-1))(m-2)\ldots 3 \cdot 2 \cdot 1$$

PERMUTACIONES CON REPETICIÓN

$$P_m = permutaciones\ de\ m\ elementos\ con\ a, b, c, \ldots elementos\ repetidos$$

$$P_m = \frac{m!}{a!\,b!\,c!\ldots} \rightarrow P_n^{a,b,\ldots k} = \frac{n!}{a!\,b!\ldots k!}$$

COMBINACIONES SIN REPETICIÓN

$$C_{m,n} = combinaciones\ de\ m\ elementos\ tomados\ de\ n\ en\ n$$

$$C_{m,n} = \frac{m!}{n!\,(m-n)!} \longrightarrow C_{m,n} = \frac{V_{m,n}}{P_n}$$

COMBINACIONES CON REPETICIÓN

$$CR_{m,n} = C_{m+n-1,n}$$

PROBLEMAS

Influye el orden de colocación

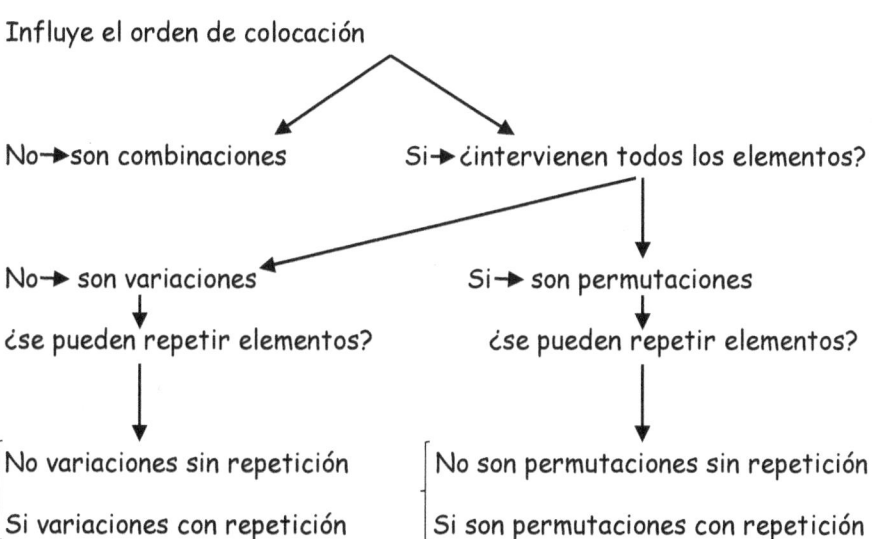

No → son combinaciones

Si → ¿intervienen todos los elementos?

No → son variaciones

Si → son permutaciones

¿se pueden repetir elementos?

¿se pueden repetir elementos?

No variaciones sin repetición

Si variaciones con repetición

No son permutaciones sin repetición

Si son permutaciones con repetición

CUADERNILLO DE EJERCICIOS

FRANCISCO MURO BUENO

LOS NÚMEROS NATURALES

1. En un partido de baloncesto, un jugador de 2,05 m de altura, ha encestado 12 canastas de dos puntos y 5 de tres puntos. ¿Cuántos puntos anotó?

2. En el número 611, se cambia la cifra de las decenas por un 7, y se obtiene un nuevo número. ¿Cuál es la diferencia entre estos dos números?

3. Mi padre tiene 36 años, mi madre 34 y yo 12. ¿Cuántos años tendrá mi madre cuando yo tenga 21 años?

4. Ana es menos alta que Lucía y más que Alicia. ¿Quién es la más alta de las tres?

5. Al restar de 91 un número se obtiene otro formado por dos cuatros. ¿Cuál fue el número restado?

6. En mi casa hay 3 habitaciones. En cada habitación están 4 amigos y 2 gatos. Cada amigo tiene 5 €. ¿Cuántos euros tienen mis amigos?

7. Mi hermano tiene 38 € y yo tengo 45.El precio de cada disco es 7 €. ¿Cuántos discos puedo comprar, como máximo, con mi dinero?

8. Pepe tiene 37 años y conduce un autobús en el que están 11 viajeros. En la primera parada bajan 5 personas y suben 4. En la siguiente parada suben 8 y bajan 3. Con estas dos paradas, ¿cuántos viajeros están en el autobús?

9. Calcula:

a) 255+45·5=

b) 215+40:5=

c) 90-12·6=

10. Calcula:

a) 18·6-45:3+18=

b) 24·9+33:3-27=

c) 14·18-48:2-6=

11. Calcula:

a) 28·(24-16)·2=

b) 488·(88+32):8=

c) 87·(39-12):3=

12. Calcula:

a) 16+6·(6+16·2)=

b) 240+24·(48+40·8)=

c) 60+12·(28-20:4)=

13. Escribe con una única potencia:

a) $7^8 \cdot 7^2 =$

b) $5^{12}:5^6 =$

c) $(2^7)^3 =$

d) $9^5 \cdot 9^{11} =$

e) $(3^{10})^4 =$

14. Escribe con una única potencia:

a) $9^7 \cdot 5^7 =$

b) $10^6:5^6 =$

c) $6^5 \cdot 5^5 =$

d) $9^8:3^8 =$

15. Calcula:

a) $14^0 =$

b) $6^1 =$

c) $1^{10} =$

d) $10^6 =$

16. Expresa los siguientes números como suma de potencias de 10:

a) 3456

b) 1089

17. Escribe en forma de potencia

a) 7·7·7·7=

b) (-5)·(-5)·(-5)·(-5)·(-5)·(-5)=

c) (-1)/2·(-1)/2·(-1)/2·(-1)/2

REDONDEO

1.A Redondea a las centésimas 171,39664703

2. Redondea a las diezmilésimas y pasa a notación científica 0,0065439

3. Redondea a las decenas de millar y pasa a notación científica 859.417.590

4. 460.000.000 es un redondeo a las decenas de millón de 456.099.072. Calcula el error absoluto y el relativo.

PROBLEMAS SISTEMA SEXAGESIMAL

1. Un avión recorre 798km cada hora. Al cabo de 4 horas, ¿cuántos kilómetros le faltarán para finalizar un viaje de 7834 kilómetros?

2. Mi tío vende su moto por 5689,5 €. Si pierde en la venta 2565 €, ¿cuánto le había costado?

3. Tres amigos se repartieron un premio. Al primero le correspondieron 27500€, al segundo 8530€ más que al primero; el tercero recibió una cantidad igual a la suma de los otros dos. ¿Qué cantidad recibe cada uno? ¿Cuál fue el valor total del premio?

4. Un almacenista tiene un tonel de 869L de vino a 84 cént/L; otro de 785L a 92 cént/L y un tercero de 654L a 88 cént/L. ¿Cuántos litros tiene almacenados? ¿Cuál es el valor en euros que tiene de vino?

5. Una floristería vende 23 ramos de flores por 609,5€. ¿Cuánto recibirá por 16 ramos iguales a los anteriores?

6. un saco que contiene 100 kg de legumbres cuesta 240€ y otro de 75kg cuesta 195€. Si he comprado 25 kg del primero y 36 kg del segundo, y entrego 4 billetes de 50€. ¿Cuánto tendrán que devolverme?

7. un saco de 5kg cuesta 4,75€. ¿Cuánto deberé abonar por la compra de un saco de 32 kg?

8. una fuente da 1350 litros en cinco minutos. ¿Cuál es la cantidad de agua emanada por segundo?

9. Mi reloj se adelanta dos minutos cada hora. ¿Cuántos minutos se adelantará en dos días?

10. Una persona está en este momento a 3 hm de un colegio. Si quiere ir a la piscina municipal, que se encuentra a 3 km del colegio, ¿cuántos metros tendrá que recorrer?

LOS NÚMEROS ENTEROS

1. Calcula las siguientes sumas de números enteros:

a) +2-1-6+4=

b) -8+6-2+5=

c) (-9)+(+7)+(+1)=

d) (-8)+(+8)-(-2)=

2. Opera respetando la jerarquía de operaciones:

a) -4-(+24): (+1-9)- (-1-2)=

b) +7+(-5) : (-7+2)-(+1-6)=

c) -6-(-7)·(-6+2)=

d) +7+[+1-(+10+5)]=

3. Opera respetando la jerarquía de operaciones:

a) +4+[+2+(+8)·(-6)-(-7+6)]=

b) -2-[-6+4:(-2)-(+7-5)]=

c) +1-[-4+(-10):(-5)]+ [+3+(-9):(-9)]=

d) +1-[+3-(-8)·(+8)]+ [+6+(+8):(+4)]=

4. Una persona nació en el año 17 antes de Cristo y se casó en el año 24 después de Cristo. ¿A qué edad se casó?

5. En el año 31 después de Cristo una persona cumplió 34 años. ¿En qué año nació?

6. El termómetro marca ahora 7°C después de haber subido 15°C. ¿Cuál era la temperatura inicial?

7. El ascensor de un edificio está en el sótano 1 y sube 5 pisos hasta que para. ¿A qué planta ha llegado?

8. Elena tenía ayer en su cartilla -234 euros y hoy tiene 72 euros. Desde ayer ¿ha ingresado o ha gastado dinero? ¿Qué cantidad?

9. Después de subir 6 pisos el ascensor de un edificio llega a la quinta planta. ¿De qué planta ha salido?

10. El saldo de la cartilla de ahorros de Juan es hoy 154€. Le cargan una factura de 313€. ¿Cuál es el saldo ahora?

LOS NÚMEROS DECIMALES

1. Ana compró 12 gominolas y 14 chicles. Cada gominola cuesta 0,10€ y cada chicle 0,15€. Pagó con un billete de 10€. ¿Cuánto dinero le tienen que devolver?

2. Calcula:

a) 0,39+4,2·(0,3+60·0,1)=

b) 0,33:0,01-3,1·53+0,07=

c) 1,4-0,4·(0,25+0,75:0,01)=

d) 0,73:0,001-5,1·11-7,3=

3. Un coche consume una media de 4,2 litros de gasolina cada 100 km. Tiene el depósito lleno y son 45 litros. Recorre 888 km. ¿Cuántos litros de gasolina quedan, aproximadamente, en el depósito?

4. un paquete de 500 folios tiene un grosor de 6,8 cm y pesa 0,884 gr. ¿Cuál es el grosor, en mm, de un folio? ¿Cuál es el peso, en gramos, de un folio?

5. Una cuchara de arroz pesa 1,8 dg y contiene 72 granos. ¿Cuántos granos de arroz habrá en un kilo?

6. Sabiendo que un litro de agua pesa un kilogramo, expresa en toneladas el peso del agua de un depósito que contiene 58,75 hl.

7. Opera:

a) (10,2 ̑+9,8 ̑)·1,1 ̑

b) 2,01 ̑-1,(15) ̑·0,5

c) 735,(15) ̑-125,7+3,76 ̑

8. Yo vivo en un quinto piso. Entre cada piso hay 15 escalones iguales que miden cada uno 0,175m. Además hay que pasar un escalón en el portal que mide 0,15m. ¿A cuántos metros de altura está el suelo de mi piso?

9. Miguel tiene 43€ en monedas de 5 céntimos. Cada moneda pesa 3,92 gramos. ¿Cuánto kg pesan todas las monedas?

10. Un grifo no cierra bien y pierde 2 ml de agua cada cinco segundos. ¿Cuántos litros se perderán en una semana?

LOS NÚMEROS RACIONALES

1. Calcula:

a) 6/7·(9/4+3/8)=

b) (8+2/5):(6-9/4)=

2. En una bolsa de 24 bolas, las bolas blancas son ¼ de ellas. Sin sacar ninguna, ¿cuántas bolas blancas debo añadir para conseguir que las blancas fuesen la mitad?

3. Un coche lleva circulando 26 minutos, en los cuales ha recorrido 2/3 de su trayecto. ¿Cuánto tiempo empleará en recorrer todo el trayecto, yendo siempre a la misma velocidad?

4. Una pelota al caer al suelo rebota hasta los 3/8 de la altura desde la que se la suelta. Si se la deja caer desde 1024 cm, ¿a qué altura llegará tras el tercer bote?

5. En un pinar de 210 pinos se talaron sus 3/5 partes, poco después hubo un incendio, en el que se quemaron los 5/7 de los pinos que quedaban. ¿Cuántos pinos sobrevivieron?

6. La familia de Oscar gasta 1/3 de su presupuesto en vivienda y 1/5 en alimentación. ¿Qué fracción del presupuesto queda para otros gastos? Sus ingresos mensuales son de 2235€. ¿Cuánto pagarán por la vivienda?

7. Un ciclista tiene que recorrer 18 km que separan dos pueblos. Si han recorrido 2/3 ¿cuántos km le faltan todavía?

8. Una empresa quiere embotellar 912 litros de zumo de naranja, si cada botella tiene una capacidad de 2/3 de litro, ¿cuántas botellas necesitará?

9. La relación entre lo ancho y lo alto de una pantalla tradicional es 4/3. Calcula lo que debería medir de alto una pantalla cuya anchura es de 112cm.

10. Cada paso de Eva mide aproximadamente 3/5 de metro. ¿Cuántos pasos dará para recorrer 6 km?

LOS NÚMEROS RACIONALES Y DECIMALES

1. Calcula y simplifica todo lo posible:

a) 21/2-19/2:(1/5+2/5·15/8)-9/2:3/4

b) 21/2-19/2:(1/5+2/5·15/8)

c) 1/3+4/3:5/6-(3/2:3/4-4/12)+4

d) (1/2-9/2):(7/5+3/5·5/4)-9/5:3

2. Pasa cada número decimal a fracción y después realiza las operaciones indicadas:

a) 3,02̂+17,3-6,3^

b) 7,513̂-18,9-0,(92)^

3. Un bidón está lleno de agua. Se vacían sus 3/7 y luego los 2/9 de lo que queda.

a) ¿Qué fracción del barril ha quedado con agua?

b) Si el barril es de 250 litros, ¿cuántos litros han sobrado?

4. Un frutero vende por la mañana las 3/4 partes de las naranjas que tiene. Por la tarde vende 4/5 de las que le quedan. Si al terminar el día le quedan 100 kilogramos por vender. ¿Cuántos kg tenía al iniciar la mañana?

5. En una pastelería se han vendido, por la mañana, 1/2 de los pasteles. Por la tarde se han vendido la mitad de los que quedaban. Al cerrar la tienda, quedaron 21 pasteles. ¿Cuántos había al empezar la jornada?

6. Completa las siguientes fracciones para que sean equivalentes:

9/13=(-135)/=/169

7. Pasa cada número decimal a fracción y realiza las operaciones indicadas:

8,32 ~2,4·3,5 ^

8. El día de mi cumpleaños gastamos los 2/7 de una tarta. Al día siguiente se consumió 3/5 de lo que quedó el día anterior. Por último sabemos que ha sobrado un trozo de tarta que pesa 650 gramos.

a) ¿Cuánto pesaba la tarta entera?

b) ¿Cuánto pesaba el trozo de tarta consumida el día de mi cumpleaños? ¿Y el trozo del día siguiente?

MÚLTIPLOS Y DIVISORES

1. ¿Es 176 múltiplo de 2, 3, 4, 5, 6, 7, 8, 9, 41?

Aplica los criterios de divisibilidad o realiza la división para ver si el resto es 0. o Divisibilidad por 2 o por 5 que la última cifra lo sea. o Divisibilidad por 3 o por 9 que la suma de las cifras lo sea.

2. ¿Es 198 divisible por 2, 3, 4, 5, 6, 7, 8, 9, 41?

3. Escribe los 10 primeros múltiplos de 8.

4. Escribe los múltiplos de 12 menores que 100.

5. La descomposición en factores primos de 15000 es 23·3·54. ¿Cuántos divisores tiene? Para ello hacemos la descomposición en factores primos, aumentamos en uno a cada uno de los exponentes. El producto de esos exponentes aumentados es el número de divisores.

6. ¿Cuántos divisores tiene el número 810?

7. Halla los divisores de 147.

8. Decide razonadamente si 131 es primo o no.

11. Halla el mínimo común múltiplo de:

a) 72, 60.

b) 150, 90

c) 9, 24, 6

d) 36, 15, 4.

12. Halla el máximo común divisor de:

a) 72, 24

b) 56, 81

c) 84, 108, 36

d) 54, 60, 18

¿M.c.d. o m.c.m.?

13. Ana viene a la biblioteca del instituto, abierta todos los días, incluso festivos, cada 4 días y Juan, cada 6 días. Si han coincidido hoy. ¿Dentro de cuántos días vuelven a coincidir?

14. María y Jorge tienen 30 bolas blancas, 27 azules y 42 rojas y quieren hacer el mayor número posible de hileras iguales. ¿Cuántas hileras pueden hacer?

15. Un ebanista quiere cortar una plancha de 10 dm de largo y 6 de ancho, en cuadrados lo más grandes posibles y cuyo lado sea un número entero de decímetros. ¿Cuál debe ser la longitud del lado?

16. La alarma de un reloj suena cada 9 minutos, otro cada 21 minutos. Si acaban de coincidir los tres dando la señal. ¿Cuánto tiempo pasará para que los tres vuelvan a coincidir?

17. Escribe tres múltiplos de 26.

18. Escribe cuatro divisores de 24.

19. Indica si estas divisiones son exactas o no:

a) 39 : 4

b) 23 : 9

20. Basándote en los criterios de divisibilidad indica si el número

49755 es múltiplo o no de los indicados:

a) de 2 : b) de 3: c) de 5: d) de 11:

21. ¿En qué cifra pueden terminar los números primos a partir

de 5?

22. Indica si los números 61, 60 y 65 son primos o compuestos.

23. Haz la descomposición factorial del número 240.

24. Calcula el m.c.m.(45,75)

25. Indica si los números 25 y 28 son primos entre sí o no.

26. Calcula el m.c.d.(45, 75)

LOS NÚMEROS RADICALES

1. Opera y simplifica:

a) $(\sqrt{3} - \sqrt{2})^2$

b) $(2\sqrt{5} + 3\sqrt{2})^2$

c) $(3\sqrt{5} - 2\sqrt{3})^2$

2. Calcula los valores de las siguientes potencias:

a) $16^{\frac{3}{2}}$

b) $18^{\frac{2}{3}}$

c) $81^{0,75}$

d) $8^{0,\bar{3}}$

3. Extrae los factores:

a) $\sqrt{8a^3b^8c^5}$

b) $\sqrt[3]{32a^4b^5c^9}$

c) $\sqrt[5]{32a^3b^{10}c^8}$

4. Efectúa las sumas:

a) $\sqrt[3]{54} - \sqrt[3]{16} + \sqrt[3]{250}$

b) $\sqrt[3]{16} + \sqrt[3]{250} + \sqrt[6]{4}$

5. Pon a común índice:

a) $\sqrt{5}$ b) $\sqrt[3]{2^2 \cdot 3^2}$ c) $\sqrt[4]{2^2 \cdot 3^2}$

6. Realiza las siguientes operaciones:

a) $\sqrt{3} \cdot \sqrt[3]{9} \cdot \sqrt[4]{27}$

b) $\dfrac{\sqrt[3]{4}}{\sqrt{2}}$

c) $\dfrac{\sqrt{256}}{\sqrt[3]{16}}$

7. Racionaliza y simplifica:

a) $\dfrac{a}{\sqrt{a}}$ b) $\dfrac{b}{\sqrt[5]{a^3}}$ c) $\dfrac{\sqrt{a}}{\sqrt{a}-\sqrt{b}}$

8. Intervalos en la recta real. Representa el intervalo y represéntalo gráficamente.

a) $(2,5)$

b) $[3,7]$

c) $(4,8]$

d) $(-\infty, 2]$

9. Pasa a notación científica y calcula: 120000000-13000000

10. Si una persona tiene 5 litros de sangre y aproximadamente 4500000 glóbulos rojos en cada milímetro cúbico de esta, calcula en notación científica su número aproximado de glóbulos rojos.

11. La masa de la Tierra es $5,98 \cdot 10^{24}$ kg y la masa del electrón $9,13 \cdot 10^{-31}$ kg. ¿Cuántos electrones son necesarios para que pesen lo mismo que la Tierra? Haz todos los cálculos en notación científica.

12. Las cuatro paredes de un cuarto de baño son cuadradas y tienen en total 324 azulejos cuadrados. Si cada azulejo mide 25 cm de lado, ¿cuánto mide de longitud cada pared?

13. Un bloque de casas tiene x plantas, y en cada planta hay x viviendas. Si viven x personas de media en cada vivienda, calcula el valor de x sabiendo que en la casa viven 64 personas.

14. En una balanza de precisión pesamos 100 granos de arroz, obteniendo un valor de 0,0000277 kg. ¿Cuántos granos hay en 1000 toneladas de arroz? Realiza los cálculos en notación científica y, si es necesario en algún cálculo, redondea a dos cifras decimales.

15. Calcula en notación científica:

a) $4,2 \cdot 10^5 + 6,8 \cdot 10^7$

b) $\left(1,1 \cdot 10^8\right) \cdot \left(2 \cdot 10^{15}\right)$

c) $\dfrac{5 \cdot 10^6}{2 \cdot 10^{-6}}$

16. Razona justificando la respuesta si es cierta esta igualdad:

$$\sqrt{34 + 64} = \sqrt{36} + \sqrt{64}$$

17. Calcula el error absoluto y relativo en cada caso:

a) Al aproximar 1/3 por 0,34

b) Al aproximar 2/9 por 0,22

18. Reduce a radicales semejantes y realiza las siguientes operaciones indicadas:

a) $\sqrt{8} - \sqrt{2}$

b) $\sqrt{3} + 2\sqrt{12}$

c) $5\sqrt{2} + 3\sqrt{50}$

19. Expresa en notación científica las siguientes cantidades:

a) Distancia Tierra-Luna: 384000 Km

b) Virus de la gripe: 0,0000000022 m

PROGRESIONES

1. El primer término de una progresión aritmética es $a_1 = 25$ y la diferencia es d=13.

a) Escribe los diez primeros términos de la progresión.

b) Calcula el término general de la progresión, a_n

c) Calcula el término que ocupa el lugar 24, es decir: a_{24}

d) Comprueba si el número 1392 es un término de la progresión. En caso afirmativo, ¿qué lugar ocupa?

2. Halla los términos que se indican en las siguientes progresiones aritméticas:

a) a_{30} en $\{1, 6, 11, 16, ...\}$

b) a_{16} en $\{1, 5, 9, 13 ...\}$

c) a_{24} en $\{-8, -5, -2, 1, ...\}$

3. Halla el término vigésimo en una progresión aritmética siendo el primer término 7 y la diferencia 2.

4. Calcula la suma de los términos de una progresión aritmética en los siguientes casos:

a) Los 25 primeros términos de $\{3, 8, 13 ...\}$

b) Los 22 primeros términos de $\{42, 39, 36 ...\}$

c) Los 40 primeros términos de $\left\{\dfrac{1}{2}, \dfrac{5}{8}, \dfrac{3}{4} ...\right\}$

5. En una sala de cine, la primera fila de butacas dista de la pantalla 86 dm, y la sexta, 134 dm. ¿En qué fila estará una persona si su distancia a la pantalla es de 230 dm?

6. De una progresión geométrica se sabe que $a_1 = 2$ y $r = \frac{1}{2}$

a) Calcula los diez primeros términos de la progresión.

b) Calcula el término general de la progresión.

c) Calcula el término que ocupa el lugar 100, es decir a_{100}

7. De la siguiente progresión geométrica $\left\{16, 4, 1, \frac{1}{4}, \frac{1}{16}, \dots\right\}$ calcula:

a) El término general.

b) La suma de los 10 primeros términos y, si se puede, la suma de todos los términos de la progresión.

8. Si se colocase sobre un tablero de ajedrez, lo suficientemente grande, un grano de trigo en la primera casilla, dos en la segunda, cuatro en la tercera y así sucesivamente (doblando la cantidad de granos de trigo en cada siguiente casilla), ¿cuántos granos de trigo habría en el tablero final?

9. Un tipo de bacteria se reproduce por bipartición cada cuarto de hora. ¿Cuántas bacterias habrá después de 6 horas?

10. Una persona que estaba de vacaciones gastó 60€ el primer día y en los siguientes gastó 3€ menos que el día anterior. El dinero le duró 20 días. ¿Cuánto dinero llevó para sus vacaciones?

11. Calcula los siete primeros términos de una progresión geométrica si los dos primeros son 3 y 4.

12. El séptimo término de una progresión geométrica vale 243 y la razón3. Halla el primer término y el término general.

ÁLGEBRA

1. Dados los polinomios:

$P(x) = 4x^2 - 1 \quad Q(x) = x^3 + 2x^2 - 5x - 6 \quad R(x) = 6x^2 - 5x$

$S(x) = \frac{1}{2}x^2 - 5 \quad T(x) = \frac{3}{2}x^2 + 6 \quad U(x) = x^2 - 8x + 7$

Calcula:

a) $P(x) + Q(x)$

b) $P(x) - 2 \cdot Q(x)$

c) $P(x) - U(x) + 3 \cdot T(x)$

2. Opera y simplifica:

a) $(2x^3 - x^2 + 3x - 1) \cdot (x^2 - 2x + 2) - 2x \cdot (x^3 - x^2 + 3x - 2) =$

b) $(-2x^2 + x - 2) \cdot (-x^2 + 1) - (2x^5 - x^4 + x^2 + 2x - 1) =$

c) $x^3 - 2x^2 + 4 - (x^2 - 1)^2 =$

d) $\dfrac{x}{x^2-1} + \dfrac{1}{x^2+3x+2} =$

e) $\dfrac{3}{x+1} - \dfrac{2x^2+8x}{x^2+x} - 4x =$

f) $(x^4 - 2x^3 - 11x^2 + 30x - 20) : (x^2 + 3x - 2)$

g) $(x^6 + 5x^4 + 3x^2 - 2x) : (x^2 - x + 3)$

h) $(2x^4 - 2x^3 + 3x^2 + 5x + 10) \cdot (-2x^6 - 2x^4 - 6x^2 + 15x - 3)$

3. Resuelve:

a) $(2x^2 + 3x)^2$

b) $(3x^2 - 4x)^2$

4. Halla el resto utilizando el Teorema del Resto y comprueba con Ruffini $(x=3)$

a) $(x^3 - 2x^2 + 3)$

b) $\left(2x^4 - 2x^3 + 3x^2 + 5x + 10\right)$

5. Factoriza y saca las raíces:

a) $-x^2 + 16$

b) $x^2 - 10x + 25$

c) $x^4 - 25x^2$

d) $15x^3 - 8x^2 - 9x + 2$

6. Divide utilizando Ruffini:

a) $\left(5x^4 - 3x^3 - 4x^2 - 1\right) : (x - 2)$

b) $\left(6x^5 - 3x^3 + 4x + 5\right) : (x + 2)$

7. Opera y simplifica:

$(x + 3)^2 - (x - 3)^2$

8. Saca factor común en las siguientes expresiones algebraicas:

a) $12x^4 + 8x^3$

b) $5x^3 + 20x^2 + 20x$

c) $3x^4 - 9x^3 + 27x^2 - 3x$

9. Calcula el polinomio que da el área de un triángulo de base x y altura x+5

1.0 Expresa en lenguaje algebraico:

a) El triple de un número x más 100

b) El precio en euros de x kilogramos de peras a 1,45€

c) El importe de una factura de x euros si se le aplica un 16% de IVA

d) El doble de la edad que tenía Ana hace 5 años si su edad actual es x años.

11 Halla el valor numérico de $x^2 - 5x + 6$ para x=0, x=1 y para x=3

12. Dado un número x, expresa algebraicamente los siguientes enunciados:

a) El triple de x

b) El triple de x menos 13

c) El triple de x menos 12

d) El doble del siguiente a x

e) La suma del número x y su cuadrado.

f) El cuádruple de x

g) La diferencia de x y 20

h) El cuadrado del número siguiente a x

i) El doble del número anterior a x

j) El triple de la diferencia entre x y 2

13. La familia de Isabel se compone de cinco personas: los padres, el hermano y el abuelo. Tenemos los siguientes datos de cada miembro de la familia:

- El hermano tiene 4 años menos que Isabel.

- La edad de su padre era, hace 2 años, el doble de la suma de las edades de sus dos hijos.

- Su madre, en cambio, tendrá, dentro de 7 años, el doble de la edad de Isabel.

- El abuelo tenía, hace 2 años, 20 años más que su hijo.

Con estas relaciones, completa todas las casillas de esta tabla a partir de la edad actual de Isabel.

	PADRE	MADRE	HERMANO	ABUELO	ISABEL
Hace 2 años					
Actualmente					
Dentro de 7 años					

14. La suma de dos números es 45 y su diferencia 5. ¿Cuáles son estos números?

15. Al repartir 30 caramelos entre dos amigos, uno de ellos se ha quedado con 8 caramelos más que el otro. ¿Cuántos caramelos tiene cada uno de ellos?

16. Escribe una ecuación de la forma ax+b=c cuya solución sea x=8

17. Resuelve la ecuación: $\dfrac{x+4}{2} + \dfrac{x+7}{3} = 1$

18. Encuentra un número sabiendo que si ha dicho número le sumo seis veces el consecutivo el resultado es igual a 755

19. Resuelve la ecuación:

a) $x - \dfrac{x-16}{6} = 2(x+6)$

b) $-4x^2 - 7x = 0$

c) $-2x^2 + 8 = 0$

d) $x^4 + 2x^3 - 8x^2 = 0$

e) $x^3 - 3x^2 - 2x + 2 = 0$

21. El cuadrado de un número positivo más el doble de su opuesto es 960. ¿Cuál es el número?

22. La diagonal de un rectángulo tiene 10 cm. Calcula sus dimensiones si el lado pequeño mide $\frac{3}{4}$ del lado grande.

23. Reparte el número 20 en dos partes de forma que la suma de sus cuadrados sea 202.

24. Encuentra dos números positivos sabiendo que se diferencian en 7 unidades y su producto es 60.

25. Un triángulo rectángulo tiene de perímetro 24 metros, y la longitud de un cateto es igual a $\frac{3}{4}$ del otro. Halla sus lados.

26. Encuentra dos números sabiendo que suma 18 unidades y su producto es 77.

27. La diagonal de un rectángulo mide 10 cm. Halla sus dimensiones si un lado mide 2 cm menos que el otro.

28. Encuentra dos números positivos que se diferencien en 7 unidades sabiendo que su producto es 44.

29. Encuentra dos números cuya suma sea 10 y su producto 24

30. Un campo de fútbol mide 30 m más de largo que de ancho y su área es de 7000 metros cuadrados, halla sus dimensiones.

31. Tenemos un alambre de 17 cm. ¿Cómo hemos de doblarlo para que forme un ángulo recto de modo que sus extremos queden a 13 cm?

32. La suma de los cuadrados de dos números pares consecutivos es 15844. Hallar los números

33. Dos números suman 1018, y la diferencia de sus raíces cuadradas es 10, ¿Cuáles son estos números?

34. Hállense dos números, sabiendo que su suma, su producto y la diferencia de sus cuadrados son iguales entre sí

35. Hallar tres números consecutivos enteros y positivos, cuyo producto es igual a 15 veces el segundo.

SISTEMA DE ECUACIONES

1. Resuelve por el método de sustitución y por el método gráfico.

a) $10x + y = 21$
   $4x - 3y = 5$

b) $x + y = 4$
   $3x + 2y = 15$

2. Resuelve por el método de reducción:

a) $x + 2y = 5$
   $2x + 3y = 7$

b) $2x + y = 7$
   $x - 3y = 0$

3. Halla la solución del siguiente sistema:

$$\frac{x-1}{4} - \frac{y+2}{3} = 0$$
$$\frac{x+3}{5} - \frac{y-2}{4} = 2$$

4. Resuelve por el método de igualación:

a) $2x - 3y = 5$
   $3(x - 5) + 4y = 35$

b) $\frac{x}{2} + \frac{y}{3} = 10$
   $\frac{x+y}{5} = 5$

5. En un examen de 20 preguntas tipo test te dan dos puntos por cada acierto y te restan medio punto por cada fallo. Para aprobar es obligatorio contestar a todas las preguntas y hay que obtener, por lo menos, 20 puntos. ¿Cuántas preguntas, como mínimo, hay que contestar correctamente para aprobar?

6. Resuelve por el método de reducción doble:

a) $3x + y = 3$
   $4x - 2y = 2$

b) $x + y = 4$
   $3x + 2y = 15$

7. En un almacén hay dos tipos de lámparas tipo A que utiliza 3 bombillas y la lámpara tipo B que utiliza 4 bombillas. En el almacén hay un total de 60 lámparas y 220 bombillas. ¿Cuántas lámparas de cada clase hay en el almacén?

8. He pagado 93€ por una camisa y un pantalón que costaban 110€ entre los dos. En la camisa me han rebajado un 20% y en el pantalón un 10% ¿Cuál era el precio original de cada uno?

9. Un tren sale de la ciudad A hacia la ciudad B a 140 km/h. En el mismo momento, otro tren sale de B hacia A a una velocidad de 200 km/h. Sabiendo que la distancia entre ambas ciudades es de 540 km, ¿a qué distancia de A y de B se cruzarán ambos trenes?

10. Una empresa fabrica dos tipos de bicicletas, A y B. Para fabricar una del modelo A, se necesitan 1kg de acero y 3kg de aluminio, y para una del modelo B, 2kg de cada uno de esos materiales. Si la empresa dispone de 80kg de acero y 120 kg de aluminio, ¿cuántas bicicletas de cada tipo puede fabricar?

11. Un número de tres cifras es capicúa. La cifra de las centenas es tres unidades menor que la de las decenas. La suma de las tres cifras es doce. Calcula dicho número.

12. La suma de tres números es 16, la diferencia entre los dos mayores, 4, y el producto de los dos más pequeños es 10. Calcula dichos números.

13. La diferencia de dos números es 31. El triple del mayor menos el doble del menor es 114. Halla dichos números.

14. Por el desierto viaja una caravana de camellos y dromedarios, contabilizándose 80 animales y 110 jorobas. ¿Cuántos animales hay de cada clase? Camello=dos jorobas, dromedario= una joroba.

15. He pagado en un supermercado por la compra, 6,40€, con monedas de 20 y 50 céntimos. En total he utilizado 20 monedas. ¿Cuántas monedas de cada clase he entregado?

16. Un padre acuerda con su hijo que le propondrá 30 problemas. Por cada uno que haga bien recibirá 0,60€ y por cada uno que haga mal se le descontará 0,20€. Después de hacer y corregir los problemas ha ganado 10€, ¿cuántos hizo bien y cuántos mal?

17. En una cafetería sirven bocadillos y refrescos. Se sabe que 3 bocadillos y 2 refrescos cuestan 8€ y que 2 bocadillos y 1 refresco cuestan 5€. Calcula el precio de:

a) 1 bocadillo y 1 refresco b) 4 bocadillos y 2 refrescos

18. En una tienda de fotografías la impresión de una fotografía digital de tamaño normal cuesta 0,20€ y en un tamaño ampliado cuesta 0,35€. Si al final del día se han hecho 1300 copias con una recaudación de 345,05€, ¿cuántas fotografías de cada tipo se han hecho en ese día?

19. Resuelve los siguientes sistemas "especiales"

a) $0,2x - 1'7y = 6,1$
$1,23x + 0,8y = 3,75$

b) $x^2 + y^2 = 25$
$x + y = 5$

c) $2x + y = 4$
$x^2 + y = 7$

d) $x^2 + y = 24$
$y = 2x + 16$

e) $x + y = 7$
$x + z = 8$
$y + z = 9$

f) $x - y + 3z = -4$
$x + y + z = 2$
$x + 2y - z = 6$

20. En una reunión, si cada persona come 5 pasteles, sobran 3; pero si comen 6, falta 1. ¿Cuántas personas y pasteles hay?

21. Un hotel tiene, entre habitaciones dobles e individuales, 120 habitaciones. Si el número de camas es 195, ¿cuántas habitaciones dobles tiene? ¿Y habitaciones individuales?

22. He comprado manzanas y peras. Las manzanas me han costado 2,20 €/kg, y las peras, 2,35 €/kg. En total he comprado 6 kg y me han costado 13,50 €/kg. ¿Cuántos kilos de cada fruta llevo?

FUNCIONES Y GRÁFICAS

1. Representa, en un sistema de coordenadas, estos puntos. A(2, 5)

B(0, 3) C(-2, 4) D(0,5; -1) E(2; -0,75)

2. Halla una tabla de valores para las siguientes funciones, exprésalas mediante un enunciado, obtén su representación gráfica y descríbelas.

a) $y = x + 2$

b) $y = 2x + 3$

c) $y = x 2$

d) $y = x 2 + x$

e) $y = -3x - 1$

f) $y = x 2 + 1$

g) $y = 4x - 4$

h) $y = -x$

3. El precio de una entrada es 15,75 €. Expresa esta función mediante una ecuación, una tabla y una gráfica.

4. Un vendedor de muebles tiene un sueldo fijo de 480 € y, por cada mueble que vende, cobra 10 € de comisión. Dibuja la gráfica que expresa la ganancia en función del número de muebles vendidos.

5. Halla los puntos de corte con los ejes de estas funciones.

a) $y = 3x - 6$ b) $y = x + 1$ c) $y = -2x$ d) $y = x 2 - 4$

6. Representa las funciones definidas a trozos:

a) $f(x) = \begin{cases} 2x + 4 & si \ x > 0 \\ \\ 4 - 2x & si \ x < 0 \end{cases}$

7. Calcula la ecuación de la recta que cumple lo siguiente:

a) Pasa por los puntos A(2,6) y B(1,0)

b) Pasa por el punto A(3,-5) y tiene pendiente m=3

8. Al comprar un piso, hemos pagado 6000€ de entrada y tenemos que pagar 600€ mensuales.

a) Completa la siguiente tabla:

Nº meses	0	1	2	3	4	5	6	10
Dinero pagado	6000	6600						

b) Escribe la función que exprese el dinero pagado (x) y en función del número de meses transcurridos (y).

c) Representa gráficamente dicha función.

d) ¿En qué mes hemos pagado 15000€?

e) Si el piso está valorado en 276000€, ¿cuántos años tardaremos en pagarlo?

9. Calcula la ecuación de la recta que pasa por los puntos A(1,-3) B(2,-8)

10. Representa la siguiente función parabólica $y = 2x^2 - 4x$ Para ello: identifica a, b y c, calcula el vértice y realiza una tabla con siete valores: el vértice, tres valores a la derecha y tres valores a la izquierda del mismo.

PROPORCIONALIDAD

1. 1. En un instituto hay 42 chicos y 21 chicas. Halla la razón entre el número de chicos y el número de chicas. ¿Qué indica la razón?

2. La edad de una persona y su peso ¿son magnitudes directamente proporcionales?

3. ¿Forman proporción las siguientes razones? 8/3 y 64/24

4. Calcula el cuarto proporcional de la siguiente proporción: 2/9 = 16/x

5. Si 7 DVDs cuestan 14 euros ¿cuánto costarán 2 DVDs? Resuélvelo usando el método de reducción a la unidad.

6. Si 3 DVDs cuestan 24 euros ¿cuánto costarán 5 DVDs? Resuélvelo usando una regla de tres

7. El 35% de los árboles de un parque se plantaron en abril. Si en total hay 600 árboles ¿cuántos se plantaron en abril?

8. Un videojuego costaba 8 euros y he pagado 6 euros. ¿Qué porcentaje me han rebajado?

9. Una agencia de viajes ha vendido 560 plazas de un avión lo que supone un 28% del total. ¿De cuántas plazas dispone el avión?

10. Un sofá que costaba 5500 euros se ha rebajado un 12%. ¿Cuánto pagaremos en realidad?

11. De los 650 alumnos de un instituto de educación secundaria, 624 estudian la asignatura de Matemáticas, calcula el índice de variación y el porcentaje de alumnos que estudian Matemáticas.

12. En una tienda tienen una oferta de un 15% de descuento si se compran jamones enteros. Si el precio del jamón está en 12 E/kg y se paga un 21% de IVA, calcula el precio de un jamón de 10 kg.

13. En la última factura de luz pagué 125€ incluyendo un 21% de IVA y un 10% de descuento, ¿cuánto hubiese pagado sin incluir el descuento y el IVA?

14. El precio de un artículo ha experimentado las siguientes variaciones a lo largo de los tres últimos meses:

De agosto a septiembre ha bajado un 15%

De septiembre a octubre ha subido un 35%

a) Sabemos que en agosto valía 230€, ¿cuánto valía en septiembre y en octubre?

b) Calcula la variación porcentual (subida o bajada) de precio entre agosto y octubre.

15. Hemos hecho, en enero, la reserva de un viaje para agosto, y, por ello, nos han descontado un 25% de su precio que era de 850€. Al pagar he tenido que añadir el 18% de IVA, ¿cuál es el precio final del viaje?

16. Una persona dispone de 18000€ y consulta en dos bancos sus opciones de ahorro:

BANCO A: le ofrecen un rédito anual del 5% durante 4 años.

BANCO B: le ofrecen un rédito anual del 4% durante 5 años pero acumulando intereses trimestralmente.

a) Calcula el capital final obtenido en cada banco.

b) ¿Cuál es la mejor opción y qué diferencia de intereses se cobra entre un banco y otro?

17. Nueve personas realizan un trabajo en 16 días. ¿Cuánto tiempo tardarán en realizar el mismo trabajo 8 personas?

18. Un grifo echa 20 litros de agua por minuto y tarda en llenar un depósito una hora y 30 minutos. ¿Cuánto tiempo tardará en llenar el mismo depósito un grifo que eche 30 litros de agua por minuto?

19. Cuatro personas tardan 40 días en pintar la pared exterior de un campo de fútbol, ¿cuántos días tardarán 5 personas en hacer el mismo trabajo?

20. Un tren circulando a 120 km/h ha tardado 6 horas en hacer un recorrido. ¿Cuánto tiempo tardarán en hacer el mismo recorrido un tren que circula a una velocidad de 90 km/h?

21. 13. Seis obreros enlosan 1200 m2 de suelo en 4 días. ¿Cuántos metros cuadrados de suelo enlosarán 12 obreros en 5 días?

22. En una campaña publicitaria 6 personas reparten 5000 folletos en 5 días. ¿Cuántos días tardarán 2 personas en repartir 3000 folletos?

23. Para construir 4 casas iguales en 30 días hacen falta 60 albañiles. ¿Cuántos albañiles se necesitarán para construir 6 casas en 90 días

24. Para imprimir unos folletos publicitarios, 9 impresoras han funcionado 8 horas diarias durante 40 días. ¿Cuántos días tardarán en imprimir el mismo trabajo 6 impresoras funcionando 10 horas diarias?

25. Veinte obreros han colocado durante 6 días 400 metros de cable trabajando 8 horas diarias. ¿Cuántas horas diarias tendrán que trabajar 24 obreros durante 14 días para tender 700 metros de cable?

26. El 45 % de los alumnos de un instituto ha aprobado todas las asignaturas al final del curso. Sabiendo que han aprobado 234 alumnos, ¿cuántos estudiantes hay en el instituto?

27. Un reloj valía 32 euros, pero el relojero me lo ha rebajado y he pagado finalmente 28.80 euros. ¿Qué % me ha rebajado?

28. Durante un incendio ha ardido el 40 % de los árboles de un bosque. Si después del incendio contamos 4800 árboles, ¿cuántos árboles había al principio?

29. El precio de un traje es de 360 euros. En las rebajas se le ha aplicado un primer descuento del 30% y después se ha vuelto a rebajar un 20% ¿Cuál es el precio final?

30. El precio de un coche es de 11400 euros. Al comprarlo me han hecho un descuento del 22 %, pero después había que pagar un 17% de impuestos de matriculación. ¿Cuál es el precio final?

31. Un artículo que vale 50 euros tiene los siguientes cambios de precio: primero sube un 30 %, a continuación baja un

15 %, vuelve a bajar un 25 %, y por último tiene una subida del 10 %.

¿Cuál es su precio final? ¿Qué porcentaje ha variado respecto del precio inicial?

PROBLEMAS ARITMÉTICOS

1. Una disolución contiene 176 gr. de un compuesto químico por cada 0,8 litros de agua. Si se han utilizado 0,5 litros de agua, ¿cuántos gramos del compuesto químico habrá que añadir?

2. Si 10 albañiles realizan un trabajo en 30 días, ¿cuántos se necesitarán para acabar el trabajo en 25 días?

3. Un grupo de 43 alumnos realizan un viaje de estudios. Tienen que pagar el autobús entre todos, pagando cada uno 90 €. Por otra parte los gastos totales de alojamiento son 12427 €. ¿Cuál sería el precio total y el precio individual si fuesen 46 personas?

4. Para alimentar a 11 pollos durante 16 días hacen falta 88 kilos de pienso. ¿Cuántos kilos de pienso harán falta para alimentar a 18 pollos en 8 días?

5. Si 10 obreros trabajando 9 horas diarias tardan en hacer un trabajo 7 días, ¿cuántos días tardarán en hacer el mismo trabajo 5 obreros trabajando 6 horas diarias?

6. Tres socios abren un negocio aportando 20000, 35000 y 50000 € respectivamente. Al finalizar el año obtienen unos beneficios de 4200 €. ¿Cómo deben repartirlos?

7. Tres camareros de un bar se reparten 238 € de las propinas de un mes de forma inversamente proporcional al número de días que han faltado,

que ha sido 1, 4 y 6 días respectivamente. ¿Cuánto corresponde a cada uno?

8. En mi instituto hay 450 estudiantes. El número de alumnas representa el 52% del total. ¿Cuántas alumnas hay?

9. El 28 % de los alumnos de un instituto ha aprobado todas las asignaturas. Sabiendo que han aprobado 196 personas. ¿Cuántos alumnos hay en el instituto?

10. Este año el presupuesto de una localidad ha sido de 1868500 €. Para el próximo año se va a incrementar un 1.7 %. ¿Cuál será el presupuesto?

11. La población de una localidad costera ha pasado de 44500 a 61410 habitantes. ¿Qué % ha aumentado?

13. Después de repartir el 90 % de las botellas que levaba, un lechero regresa a su almacén con 27 botellas. ¿Con cuántas botellas salió?

14. Dos hermanos colocan un mismo capital de 22100 € a un rédito del 9% durante 6 años. Uno lo hace a interés simple y otro a interés compuesto con capitalización anual. ¿Qué diferencia hay entre los intereses que recibe cada uno?

15. Una persona coloca un capital de 18000 € durante 1 año a un interés compuesto del 4,2% con capitalización mensual. Calcula la TAE que corresponde y calcula el capital que se obtendría con los mismos datos a un interés simple igual a la TAE.

16. Una persona abre un plan de pensiones a la edad de 28 años. Cada mes ingresa 120 €. El banco le da un interés del 1,5 %. ¿Cuánto dinero tendrá cuando se jubile a los 67 años? ¿Cuánto dinero habrá ingresado durante la vigencia del plan?

17. Hemos solicitado un préstamo hipotecario de 148000 € a pagar en

18 años y a un interés del 9,1 % anual. ¿Cuándo tendremos que pagar cada mes? ¿Cuál será el importe total del préstamo?

VECTORES

1. Calcular el módulo de:

a) $\vec{u} = (2,3)$ b) $\vec{v} = (-3,4)$ c) $\vec{w} = (-1,-5)$

2. Sean los vectores: $\vec{u} = (2,3)$ y $\vec{v} = (-3,4)$ realizar estar operaciones:

a) $\vec{u} + \vec{v}$ b) $\vec{u} - \vec{v}$ c) $2\vec{u} + 3\vec{v}$ d) $3\vec{u} - \overrightarrow{4v}$

3. Calcular los componentes de los vectores definidos por los siguientes pares de puntos:

a) A(2,-3) y B(3,5)

b) C(-2,-4) y D(-1,0)

c) E(-3,0) y F(7,-3)

4. Calcular la pendiente y el vector normal referido a los siguientes vectores:

a) $\vec{u} = (2,3)$ b) $\vec{v} = (-3,4)$ c) $\vec{w} = (-1,-5)$

5. Calcular todas las ecuaciones de la recta definida por:

a) A(1,2) y $\vec{v} = (2,3)$

b) B(-4,0) y C(-2,2)

c) D(-1,4) y $\vec{v} = (-3,2)$

6. Calcular el punto medio del segmento de extremos:

a) A(3,4) y B(-1,2)   b) C(-1,3) y D(2,-1)

7. Estudia la posición relativa de estos pares de rectas:

a) $2x - 4y + 3 = 0;\ -2x + 4y - 3 = 0$

b) $3x + 2y + 3 = 0;\ 6x + 4y - 6 = 0$

c) $2x + 4y - 2 = 0$; $3x - y + 2 = 0$

8. Estudia la posición relativa de los puntos $A(3,4)$, $B(-1,2)$ y $C(0,2)$ y la recta $2x - 3y + 6 = 0$

9. Calcula el producto escalar de los vectores:

a) $\vec{u} = (2,3)$ y $\vec{v} = (-3,4)$

b) $\vec{u} = (1,3)$ y $\vec{v} = (-5,2)$

c) $\vec{u} = (0,1)$ y $\vec{v} = (-1,2)$

10. Halla el punto simétrico de $P(1,1)$ respecto de la recta

r: $x - 2y - 4 = 0$

11. Calcula la ecuación de la circunferencia de centro $C(2,3)$ y radio $R=4^2$

SEMEJANZA

1. <u>3,45cm</u>   <u>2,56cm</u>

   <u>1,48cm</u>   <u>xcm</u>

Calcula el valor de x para que los dos segmentos sean proporcionales.

2. Un observador, erguido, ve reflejada en un espejo, que está situado en el suelo, la parte más alta de un edificio. Calcula la altura del edificio sabiendo que la altura del observador, desde sus ojos al suelo, es de 158 cm, el espejo está situado a 2,96 m del observador y a 10,66 m del edificio.

3. Determina la altura del edificio sabiendo que proyecta una sombra de 11,14 m al mismo tiempo que un bastón de 1,61 m proyecta una sombra de 2,56 m

4. en un mapa, a escala 1:10000, la distancia entre dos pueblos es 10,6 cm. ¿A qué distancia, en km, están en la realidad?

6. Sergio sale en una foto con su amigo Enrique, en la foto Sergio mide 4,5 cm y Enrique 4,25 cm. Si en realidad Enrique mide 1,70 m, ¿cuánto mide Sergio?

7. Calcular la altura de la Giralda sabiendo que su sombra mide 48,75 m y que en ese mismo instante una persona de 1,80 m proyecta una sombra de 0,9 metros.

8. Halla la altura de un árbol sabiendo que su sombra mide 12 metros y que en ese mismo instante la sombra de un palo de 1,5 m mide 4,5 metros.

9. Tales para medir la altura de la pirámide de Keops colocó un palo de 1 metro en el centro de una circunferencia de radio 1m y esperó hasta que la sombra midiese exactamente 1 metro, instante en el que la sombra de la pirámide medía 147 metros, ¿cuánto mide de alto la pirámide?

TRIGONOMETRÍA

1. Calcula el valor de la hipotenusa de un triángulo rectángulo de catetos 32 cm y 24 cm.

2. Halla la longitud de la hipotenusa de un triángulo rectángulo, sabiendo que sus catetos se diferencia en 2 cm y el menor mide 6 cm.

3. En un triángulo isósceles, los lados iguales miden 7cm y el otro lado mide 4cm. Calcula su área.

4. El área de un triángulo rectángulo es 12 centímetros cuadrados y uno de los catetos mide 6cm. Halla la longitud de la hipotenusa.

5. La altura de una portería de fútbol reglamentaria es de 2,4 metros y la distancia desde el punto de penalti hasta la raya de gol es de 10,8 metros. ¿Qué distancia recorre el balón que se lanza desde el punto de penalti y se estrella en el punto central del larguero?

6. Un futbolista entrena corriendo la diagonal del terreno de juego de un campo de fútbol, ida y vuelta, 30 veces todos los días. ¿Qué distancia total recorre? El terreno de juego tiene unas medidas de 105 x 67 metros.

7. Pasa los siguientes grados a radianes y viceversa:

a) 90°, 60°, 180°, 225° y 30°.

b) $\dfrac{2\pi}{3}, \dfrac{3\pi}{4}, \dfrac{\pi}{2}$

8. Calcula:

a)

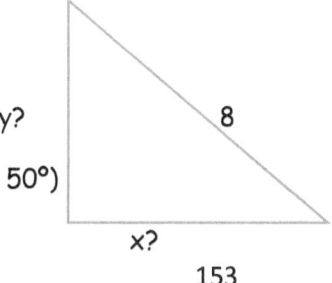

b)

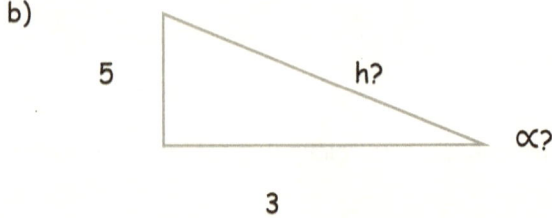

5

h?

α?

3

9. Halla la longitud de la sombra de un árbol de 12 metros de altura cuando los rayos del sol forman con la horizontal un ángulo de 20°.

10. Una escalera de 9m está apoyada en una pared de forma que alcanza una altura de 5m. ¿Qué ángulo forma con el suelo?

11. Las diagonales de un rombo miden 10 y 14 cm respectivamente. Calcula el lado del rombo y sus ángulos.

12. El lado desigual de un triángulo isósceles mide 10cm y su ángulo opuesto 50°. Calcular área y perímetro.

13. Calcular la apotema y el área de un octógono regular cuyo lado mide 10cm.

14. Desde un cierto lugar a nivel del suelo se ve la terraza de un edificio con un ángulo de elevación de 60°. Si nos alejamos 20 m del rascacielos, el ángulo de elevación es de 30°. Hallar la altura del edificio.

15. En la llanura desde un punto medimos el ángulo de elevación a una montaña y se obtiene 35°. Acercándose a la montaña una distancia de 200 metros se vuelve a medir el ángulo y se obtienen 55°, ¿cuál es la altura de la montaña?

16. Dos personas separadas 1200m observan un OVNI que vuela entre ellos con ángulos de elevación de 35° y 55°. ¿A qué altura vuela el OVNI?

17. Se quiere medir la anchura de un río, para lo cual nos situamos en una de las orillas y dirigimos la visual a un poste que se encuentra en la otra orilla obteniendo un ángulo de 53°. Al alejarnos de la orilla perpendicularmente un total de 20m y mirar de nuevo al poste, el ángulo es ahora de 32°. ¿Cuánto mide el río de ancho?

18. Una antena de radio está sujeta al suelo mediante dos cables que forma con la antena ángulos de 36° y 48°. Si los puntos de sujeción de los cables al suelo y el pie de la antena se encuentran alineados y a una distancia total de 100m, calcula la altura de la antena.

19. En una pared hay dos argollas distantes 8m entre sí. Un niño ata a cada extremo de una cuerda a las argollas y se aleja de la pared hasta que la cuerda está tensa. En ese momento, la cuerda forma ángulos de 50° y 37° con la pared. ¿Cuánto mide la cuerda? ¿A qué distancia está el niño de la pared?

20. Dos exploradores se han perdido y deciden seguir caminos distintos para conseguir ayuda. Para saber dónde está el otro en cada momento mantienen un rumbo fijo y sus trayectorias forman un ángulo de 54°. Si uno camina a 5 km/h y el otro lo hace a 4 km/h. ¿A qué distancia se encuentran al cabo de dos horas? ¿Y después de 6 horas?

GEOMETRÍA DEL PLANO

1. 1. Si dos rectas tienen un punto en común ¿cuál es su posición relativa? ¿Y si son dos puntos comunes? ¿Y si no tienen ninguno?

2. Si m es la mediatriz del segmento AB y D es un punto de la recta m cuál es la distancia de D a A, sabiendo que la distancia de D a B es 5,52?

3. Clasifica los ángulos de 0°, 45°, 90, 135°, 180° y 225° según su amplitud y según su comparación con los ángulos agudo y llano.

4. Dado un ángulo de amplitud 37° ¿cuál es la amplitud de su complementario? ¿Y la de su suplementario?

5. De qué amplitud son los cuatro ángulos que se obtienen al trazar la recta bisectriz de un ángulo de 170°?

6. Realiza la siguiente operación con ángulos: 95°+124°-24°

7. Realiza la siguiente operación con ángulos: 3 ·27°+5 ·19°

8. Realiza la siguiente división: 52° : 4

9. Realiza la siguiente operación: 128° 28' 23' ' + 91° 32' 49' '

10. Realiza la siguiente operación: 330° 32' 43' ' – 83° 56' 47' '

11. Realiza la siguiente operación: 31° 38' 9' ' ·7

15. Realiza con regla y compás la construcción geométrica de la mediatriz de un segmento.

16. Realiza con regla y compás la construcción geométrica de la bisectriz de un ángulo.

17. Realiza con regla y compás la construcción geométrica del punto simétrico con respecto a una recta.

POLÍGONOS, PERÍMETRO Y ÁREA

1. Queremos enmarcar un cuadro cuyas dimensiones totales son 103 cm de base por 63 cm de alto. ¿Qué longitud deberá tener la moldura que debemos usar? Si la moldura cuesta a 7,2 euros el metro, calcula el precio de dicho marco.

2. En una ciudad hay un parque cuya forma es la de un pentágono irregular. Los lados miden respectivamente, 45, 39, 29, 17 y 39 metros. ¿Qué longitud tiene la valla que lo rodea?

3. En las fiestas de un pueblo han montado una carpa para las verbenas, cuya forma es la de un polígono regular de 11 lados. La carpa está rodeada por una guirnalda con bombillas que tiene una longitud total de 68 m. ¿Cuánto mide el lado de la carpa?

4. Se tiene que embaldosar el patio interior de un edificio con baldosas cuadradas de 30 cm de lado. El patio es rectangular y sus medidas son 10 m por 12 m. ¿Cuántas baldosas se necesitarán?

5. Una vela triangular de una barca se ha estropeado y hay que sustituirla por otra. Para confeccionar la nueva vela nos cobran 21 euros por m2. ¿Cuánto costará esa nueva vela si debe tener 8 m de alto y 4 m de base?

6. Un rollo de tela de 2 m de ancho se ha usado para cortar 1050 pañuelos cuadrados de 20 cm de lado. ¿Qué longitud de tela había en el rollo si no ha faltado ni sobrado tela?

7. Hemos fabricado una cometa con forma de rombo, cuyas diagonales miden 393 cm y 205 cm respectivamente. Para ello se ha usado una lámina plástica rectangular cuya longitud y anchura son las de la cometa. Calcula el área de la cometa y la de la lámina.

8. Una empresa fabrica sombrillas para la playa. Para ello usa tela cortada en forma de polígono regular. Calcula la cantidad de tela que necesitará para fabricar 36 sombrillas de 10 lados si sabemos que el lado mide 173 cm y su apotema mide 266,21 cm.

9. Calcula el área de las coronas poligonales del mosaico representado (las formadas por cuadrados y triángulos que rodean a cada uno de los hexágonos). El lado del hexágono es igual al del dodecágono y mide 30 cm. La apotema del hexágono mide 25,98 cm. La apotema del dodecágono mide 55,98 cm.

10. La torre de una antigua fortificación es de planta hexagonal. Se ha medido el área de la planta inferior obteniéndose un resultado de 166,27 m2. Si cada una de sus paredes mide 8 m de anchura, ¿cuánto mide la apotema de la planta de dicha torre?

11. a) ¿Cuántos dam2 son 97 hm2?

b) ¿Cuántos dm2 son 172 dam2?

c) ¿Cuántos cm2 son 0.5 km2?

d) ¿Cuántos dm2 son 2 km2?

e) ¿Cuántos mm2 son 256 m2?

12. a) ¿Cuántos m2 son 250000 mm2?

b) ¿Cuántos dam2 son 6 m2?

c) ¿Cuántos hm2 son 1423 mm2?

d) ¿Cuántos km2 son 8000 dm2?

e) ¿Cuántos m2 son 1500000 cm2?

13. Calcula el área total de un ortoedro de 72 metros de largo, 42 metros de ancho y 26 metros de alto.

14. Calcula el área total de un prisma triangular de 55 metros de altura y 30 metros de arista de la base.

15. Calcula el área total de una pirámide hexagonal de 114 metros de arista lateral y 100 metros de arista de la base.

16. Calcula el área total de un cono de 29 metros de altura y 42 metros de radio de la base.

17. Indica qué poliedro se obtiene al truncar las aristas de un dodecaedro por la mitad e indica el número de caras aristas y vértices que tiene.

18. Los catetos de un triángulo rectángulo miden 12 cm y 16 cm. Averigua qué cono tiene mayor área total: el que se obtiene haciendo girar el triángulo alrededor del primer cateto o el que se obtiene al girar sobre el segundo.

19. Calcula el área total del poliedro semirregular de la imagen sabiendo que su arista es a. (Expresa el resultado en función de a)

20. Calcula el área del triángulo de la figura sabiendo que la arista del cubo es a. (Expresa el resultado en función de a)

21. La "zona tropical" de la Tierra está situada, aproximadamente, entre los paralelos 30° N y 30° S. ¿Qué porcentaje de la superficie de la Tierra está situada en la zona tropical?

22. Una pirámide de base cuadrada se corta con un plano paralelo a la base por la mitad de la altura de la pirámide, obteniendo una pirámide más pequeña y un tronco de pirámide ¿Cuántas veces es más grande el volumen del tronco con respecto al volumen de la pirámide pequeña?

23. Se corta una semiesfera de radio R con un plano paralelo a la base de la semiesfera, a una altura de 2/3 del radio.

Halla el volumen de la mayor de las dos zonas en que queda dividida. (Expresa el resultado en función de R)

24. Una milla náutica es la distancia entre dos puntos situados sobre el Ecuador con una diferencia de longitudes de 1' ¿A cuántos km equivale una milla náutica si el radio de la Tierra es de 6366 km?

25. Boston está en el meridiano 71° O y Frankfurt en el meridiano 9° E. Un avión sale de Frankfurt a las 23 horas y tarda 8 horas en llegar a Boston. ¿Qué hora es en Boston cuando llega?

26. Calcula el área de un triángulo equilátero de 4 metros de lado.

27. Calcula el área de un rombo de 3,8 metros de lado sabiendo que el menor de los ángulos que forman sus lados mide 74°.

28. Calcula el área de un octógono regular inscrito en una circunferencia de 7,9 metros de lado.

29. Calcula el volumen de un prisma pentagonal de 3 metros de altura y 4,2 metros de arista de la base.

30. Calcula el área total de una pirámide hexagonal de 6,9 metros de arista lateral y 4,9 metros de arista de la base.

31. Calcula el área lateral de un tronco de pirámide cuadrangular sabiendo que las aristas de las bases miden respectivamente 8,8 y 13,3 metros y la arista lateral 8 metros.

32. Calcula el área total de un cilindro de 2,5 metros de altura y 6,7 metros de radio de la base.

33. Calcula el volumen de un cono sabiendo que la generatriz mide 1,8 metros y el ángulo que forma la generatriz con la altura mide 28°.

34. Calcula el área lateral de un tronco de cono cuya altura mide 7,2 metros y los radios de las bases miden respectivamente 3,1 y 7,1 metros.

35. Una esfera de 10,3 metros de radio se introduce en un cubo de 20,9 metros de arista. Calcula el volumen del espacio que queda libre en el cubo.

VOLUMEN DE LOS CUERPOS GEOMÉTRICOS

1. La capacidad de un pantano es de 295 hm3. Expresa esta capacidad en litros.

2. Calcula el peso en gramos de un lingote de plata de 19x4x3 cm. La densidad de la plata es 10,5 g/cm3.

3. Calcula el volumen del prisma de la figura, cuya altura es 4 cm y cuyo lado de la base mide 2,4 cm. La apotema de la base mide 1,6 cm.

4. La apotema de una pirámide regular mide 11 dm y la base es un cuadrado de 15 dm de lado. Calcula su volumen.

5. ¿Cuántos bloques cúbicos de piedra, aproximadamente, de 50 cm de arista, hacen falta para construir una pirámide regular con base cuadrada de 208 m de lado y 101 m de altura?

6. Se echan 19,8 cm3 de agua en un recipiente cilíndrico de 1,8 cm de radio. ¿Qué altura alcanzará el agua?

7. ¿Cuántas copas puedo llenar con 11 litros de refresco, si el recipiente cónico de cada copa tiene una altura interior de 9 cm y un radio interior de 5 cm?

8. ¿Cuántos kilogramos pesa una bola de plomo de 17 cm de radio? El plomo tiene una densidad de 11,4 g/cm3.

9. Calcula el volumen de un tronco de cono de 7,6 cm de altura, sabiendo que los radios de sus bases miden 4,9 cm y 2,1 cm.

10. Calcula el volumen de la escultura de la imagen, sabiendo que sus bases son rectángulos de 3 x 12 dm y su altura 20 dm.

ESTADÍSTICA

1. Dados los datos: 7, 5, 7, 5, 6, y 8. Calcula la media aritmética con dos cifras decimales.

2. La nota media obtenida en cinco exámenes ha sido 6,8. Si cuatro de las notas han sido 4,7; 9,5; 8,3 y 9,2. ¿Cuál es la quinta?

3. La nota media de cuatro notas es 4,2. Si he sacado ahora un 8,0. ¿Qué nota media tendré ahora?

4. En una prueba de gimnasia la puntuación de cada atleta se calcula eliminado la peor y la mejor nota de los jueces. Si las puntuaciones obtenidas han sido: 8,1; 9,0; 9,3; 9,6; 8,2; 8,7 y 9,5. ¿Qué nota corresponde?

5. Calcula la mediana de estos datos: 9, 15, 19, 22, 31, 38 y 43.

6. Calcula la mediana de estos datos: 22, 19, 38, 31 y 43.

7. En una distribución de 63 datos, la frecuencia absoluta de un valor de la variable es 21. ¿Cuántos grados corresponderían a ese valor en un diagrama de sectores?

8. Para obtener la nota final de curso nos dan a elegir entre la media, la mediana y la moda de las nueve notas obtenidas. ¿Cuál elegirías? Las notas son: 6, 3, 3, 4, 6, 8, 7, 9 y 3.

9. Calcula la mediana de estos datos: 1, 17, 26, 5, 11 y 24.

10. Haz un recuento de los datos siguientes: 2, 3, 2, 4, 1, 3, 3, 3, 4, 3, 2, 1, 3, 4, 3, 2, 1, 2, 1, 1, 3, 1, 3, 3.

11. Haz un gráfico de barras para los datos anteriores.

12. Calcula la media de los datos dados por la tabla:

x_i	f_i
1	11
2	3
3	5
4	5

13. Calcula la mediana de los datos anteriores.

14. Calcula el primer cuartil de los datos del ejercicio 3

15. Calcula el tercer cuartil de los datos del ejercicio 3

16. Calcula en rango de los datos del ejercicio 3

17. Calcula la desviación media de los datos anteriores

18. Calcula la desviación típica de los datos del ejercicio 3

19. Calcula el coeficiente de variación para los datos del ejercicio 3

20. La siguiente tabla muestra el sueldo de los 20 empleados de una fábrica:

Sueldos en €	1200	1400	1600	2000	2500
Nº empleados	3	3	8	4	2

a) Calcula el sueldo medio de los empleados de esta fábrica.

b) Debido a los recortes de la empresa ha decidido bajar un 10% el sueldo a todos los empleados. Elabora una nueva tabla y calcula el sueldo medio.

c) ¿Qué relación existe entre ambas medias? Razona la respuesta.

21. En un examen de Matemáticas los 30 alumnos de una clase han obtenido las puntuaciones recogidas en la siguiente tabla:

Calificaciones	N° alumnos							
[0, 1)	2							
[1, 2)	2							
[2, 3)	3							
[3, 4)	6							
[4, 5)	7							
[5, 6)	6							
[6, 7)	1							
[7, 8)	1							
[8, 9)	1							
[9, 10]	1							

a) Completa la tabla con las frecuencias relativas, porcentajes, frecuencias absolutas acumuladas.

b) Calcula la mediana, moda y media.

c) Calcula la varianza y la desviación típica.

d) Representa los datos anteriores en un histograma.

22. Las alturas en centímetros de los 50 vecinos de un edificio son:

138,167,151,170,175,128,148,153,178,142,137,157,145,146,148,155,167, 142,154,133,133,152,157,149,169,159,148,150,153,145,140,161,156,149, 152,140,146,151,143,140,152,138,160,153,165,157,158,162,155,144.

a) Represéntala en una tabla de frecuencias relativas.

b) Calcula las medidas de centralización y las medidas de dispersión.

PROBABILIDAD

1. Un jugador de baloncesto suele encestar el 80% de sus tiros desde el punto de lanzamiento de personales. Si tira tres veces, calcula la probabilidad de que:

a) enceste dos veces

b) no enceste ninguna vez

2. En una caja, A, hay 2 bolas rojas, 3 bolas blancas y 3 negras, en otra caja, B, hay 2 bolas de cada color, rojo, blanco, negro. Se tira un dado, si sale un número mayor que 4, se saca una bola de la urna A y si no de la B. Calcula la probabilidad de que la bola sea roja.

3. De una baraja española de 40 cartas, se extraen dos cartas sin devolución, calcula la probabilidad de que

a) las dos sean del mismo palo

b) una sea de oros y otra de copas.

4. En un instituto hay 450 estudiantes, de los que 290 son chicos y el resto chicas. El 20% de los chicos y el 10% de las chicas lleva gafas. Elegido un estudiante al azar, ¿cuál es la probabilidad de que no lleve gafas?

5. Llevo en un bolsillo 6 monedas de 10 céntimos, 2 de 20 céntimos y 2 de 1 €. Saco dos monedas al azar, qué probabilidad hay de que:

a) las dos sean de 1 euro

b) saque 1,10 euros.

6. La probabilidad de un suceso A es 0,15, ¿cuál es la probabilidad del suceso contrario?.

13. Un dado está trucado de forma que las caras con número impar tienen triple probabilidad de salir que las caras con número par. Calcula la probabilidad de cada una de las caras y la de sacar número impar.

14. La probabilidad de un suceso A es 0,14 y la de otro B es 0,39. Si la probabilidad de que ocurran los dos a la vez es 0,13. Calcula la probabilidad de que no ocurra ninguno de los dos.

15. Considera dos sucesos A y B de un experimento aleatorio con P(A)=0,16 y P(A∪B)=0,65; P(A∩B)=0,02; calcula la probabilidad de A-B y de B-A.

16. En una urna hay bolas blancas, rojas y negras, pero no sabemos cuántas ni en qué proporción. En 1000 extracciones, devolviendo la bola cada vez, se ha obtenido bola blanca 223 veces, roja 320 veces y negra 457 veces. Al hacer una nueva extracción, ¿qué probabilidad hay de sacar una bola roja? Si en la urna hay 23 bolas, ¿cuántas estimas que habrá de cada color?

17. En una caja hay 3 bolas rojas, 2 bolas blancas y 2 bolas negras. Se extraen dos bolas, calcula la probabilidad de que las dos sean del mismo color si la extracción se hace:

a) con devolución

b) sin devolución.

18. Escribimos cada una de las letras de la palabra ENSEÑANZA en un papel y sacamos una al azar. Escribe el suceso "salir vocal"

19. Una moneda está trucada de manera que la probabilidad de salir cruz es doble que la probabilidad de salir cara, ¿qué probabilidad hay de sacar cara?

20. En una bolsa hay 100 bolas numeradas del 0 al 99, se extrae una bola calcula la probabilidad de que en sus cifras no esté el 9.

21. Se elige una ficha de dominó, considera los sucesos A="salir una ficha doble", B="la suma de los puntos es múltiplo de 4". ¿Cuál es la probabilidad de A∪B?

22. Si A y B son dos sucesos tales que P(A)=0,42; P(B)=0,30 y P(A∩B)=0,12. Calcula la probabilidad de que no ocurra ni A ni B.

23. Se lanza una moneda y un dado, calcula la probabilidad de que salga "cara" y "número impar"

24. Tenemos dos urnas con bolas rojas, verdes y azules, como en la figura. Sacamos una bola de cada urna, calcula la probabilidad de las dos bolas sean rojas.

25. Los resultados de un examen realizado por dos grupos de 4º ESO se muestran en la tabla de la izquierda. Se elige un estudiante al azar, calcula la probabilidad de que sea del grupo A si sabemos que ha aprobado.

26. Tengo en un cajón 6 calcetines de color blanco y 14 de color negro. Si cojo dos calcetines sin mirar, ¿qué probabilidad hay de que sean del mismo color?

27. Se sacan dos cartas de una baraja de 40, una tras otra. Si la extracción se hace con devolución, calcula la probabilidad de que una sea copas y otra de bastos.

COMBINATORIA

1. ¿De cuántas formas pueden sentarse 10 personas en un banco si hay 4 sitios disponibles?

2. En una clase de 10 alumnos va a distribuirse 3 premios. Averiguar de cuántos modos puede hacerse si:

a) los premios son diferentes   b) los premios son iguales.

3. Hay que colocar a 5 hombres y 4 mujeres en una fila de modo que las mujeres ocupen los lugares pares. ¿De cuántas formas puede hacerse?

4. ¿Cuántos números de 4 dígitos se pueden formar con las cifras 1, 2, ...9:

a) permitiendo repeticiones

b) sin repeticiones.

c) si el último dígito ha de ser 1 y no se permiten repeticiones.

5. En un grupo de 10 amigos, ¿cuántas distribuciones de sus fechas de cumpleaños pueden darse al año?

6. ¿Cuántas letras de 5 signos con 3 rayas y 2 puntos podría tener el alfabeto Morse?

7. Cuando se arrojan simultáneamente 4 monedas:

a) ¿cuáles son los resultados posibles que se pueden obtener?

b) ¿cuántos casos hay en que salgan 2 caras y 2 cruces?

8. Un alumno tiene que elegir 7 de las 10 preguntas de un examen. ¿De cuántas formas puede elegirlas? ¿Y si las 4 primeras son obligatorias?

9. Una línea de ferrocarril tiene 25 estaciones. ¿Cuántos billetes diferentes habrá que imprimir si cada billete lleva impresas las estaciones de origen y destino?

ÍNDICE